科学のアルバム

ムギの一生

鈴木公治

あかね書房

もくじ

指導●新井文男
構成●渡辺一夫
イラスト●三島三治
むかいながまさ
渡辺洋二
林　四郎
写真提供●遠藤紀勝
（49ページ）
装丁●画　工　舎

科学のアルバム

ムギの一生

鈴木公治（すずき　まさはる）

一九四六年、群馬《ぐんま》県前橋《まえばし》市に生まれる。

一九六八年、東京農業大学卒業。同年より群馬県の農業高校に勤務《きんむ》。

教職《きょうしょく》のかたわら、おもに植物の運動をテーマにした実験《じっけん》、観察《かんさつ》をおこない、その貴重《きちょう》な記録《きろく》写真が注目されている。ほかに、作物と雑草《ざっそう》の関係や、作物や雑草のライフ・サイクルも研究している。

現在《げんざい》、科学雑誌《ざっし》や百科事典《じてん》などで、多数の植物生態《せいたい》写真を発表している。

著書《ちょしょ》に「ジャガイモ」（あかね書房）がある。

ムギは、パンやうどん
スパゲッティなどに
すがたをかえて、たいせつな
食《た》べ物《もの》になります。
ムギは、どのようにして
さいばいされ、
どのように生長《せいちょう》して
いくのでしょう。

●初夏《しょか》の日《ひ》ざしをあびて、ぐんぐんと
実《み》がふとりはじめたころのムギ畑《ばたけ》。

➡よいたね(上《うえ》)と悪《わる》いたね(下《した》)。よいたねは、ふとっていて中身《なかみ》がいっぱいつまっています。

※この本《ほん》のカラーページのムギはコムギです。また、撮影地《さつえいち》はほとんど群馬県前橋市周辺《ぐんまけんまえばししゅうへん》です。南北《なんぼく》に長《なが》い日本列島《にほんれっとう》では、地方《ちほう》によって、たねまきや収穫《しゅうかく》の時期《じき》がちがいます。

⬆たねをえらぶには，たねを食塩水《しょくえんすい》の中《なか》にいれます。よいたねは底《そこ》にしずみ，悪《わる》いたねはうかびます。

たねまき

山《やま》やまが紅葉《こうよう》でそまり、北国《きたぐに》から雪《ゆき》のたよりがとどくころ、※ムギのたねまきがはじまります。

たくさんのムギを収穫《しゅうかく》するには、まず、よいたねをえらばなければなりません。そして、えらんだたねが病気《びょうき》にかからないように、消毒《しょうどく》します。

ムギのたねはイネとちがい、やや乾燥《かんそう》したやわらかな土《つち》がすきです。土《つち》の中《なか》に水分《すいぶん》が多《おお》すぎると空気《くうき》が不足《ふそく》して、ムギのたねは芽《め》をだすことができません。

ムギは、芽《め》をだすときに、イネよりたくさん酸素《さんそ》を必要《ひつよう》とするのです。

⬆よくたがやされたムギ畑《はたけ》。中央《ちゅうおう》の人《ひと》はたねをまく人《ひと》，右《みぎ》の人《ひと》は肥料《ひりょう》をまく人《ひと》，左《ひだり》の人《ひと》は足《あし》でたねに土《つち》をかけています。たねにかける土《つち》の厚《あつ》さは 3㎝前後《ぜんご》です。

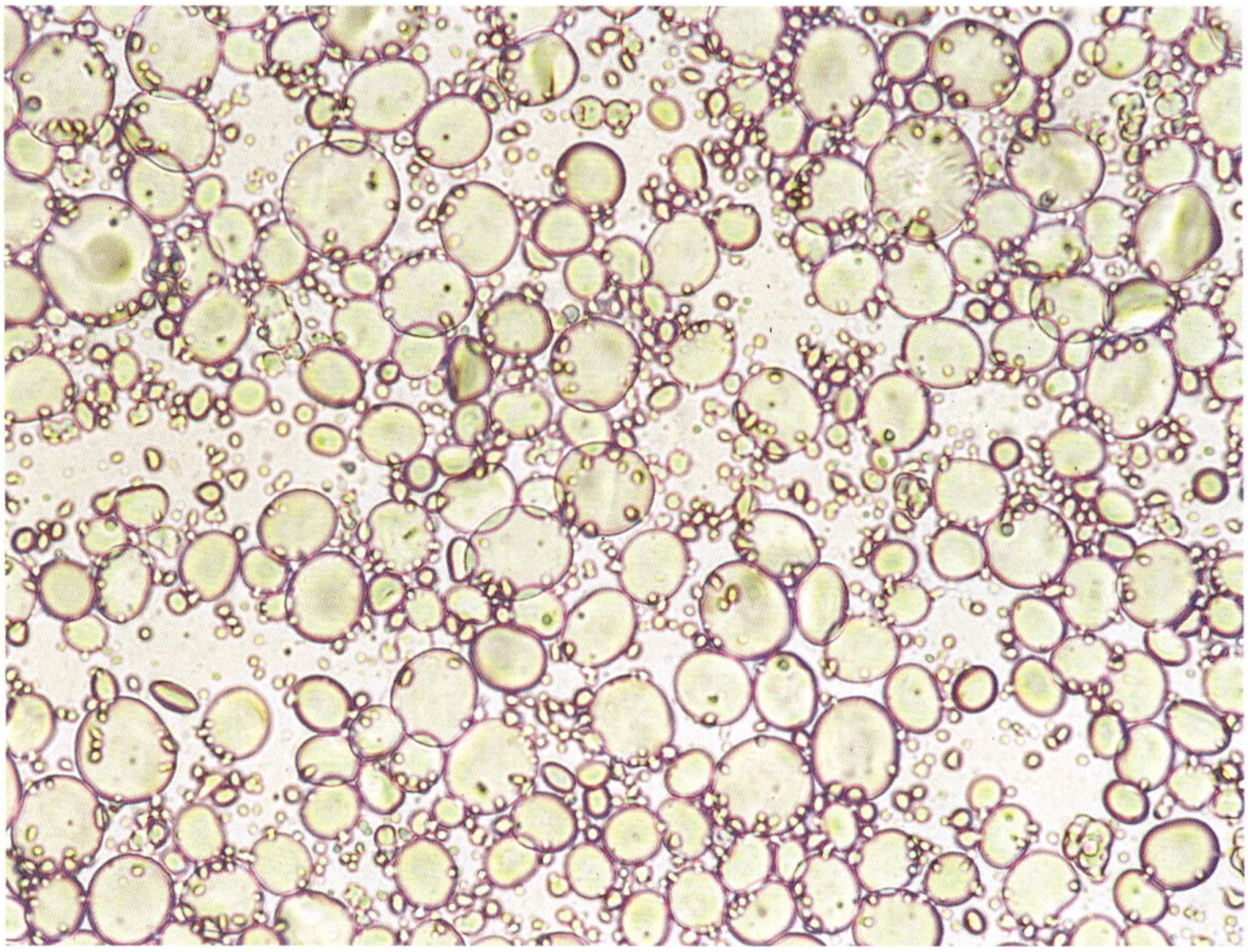

→ムギのたねのはい乳《にゅう》には、大小《だいしょう》さまざまなでんぷんがつまっています。写真《しゃしん》は、けんび鏡《きょう》で見《み》たでんぷん。

←ムギのたねをたてにきると、そのしくみがわかります。このたねでは、はいから芽《め》と根《ね》がではじめています。

たねのしくみ

たねの中《なか》には、はいとよばれる芽《め》と根《ね》のもとになるものがあります。芽《め》のもとには、目《め》に見《み》えないくらいの小《ちい》さな葉《は》が三～四まいついています。根《ね》のもとには、小《ちい》さな根《ね》が三～五本《ほん》ついています。はい以《い》外《がい》の部《ぶ》分《ぶん》ははい乳《にゅう》といって、芽《め》や根《ね》をだすときに、なくてはならない栄《えい》養《よう》分《ぶん》です。はい乳《にゅう》を、けんび鏡《きょう》でのぞいてみると、でんぷんのつぶが、いっぱいつまっているのが見《み》えます。

たねは、種《しゅ》皮《ひ》と果《か》皮《ひ》とよばれる二まいの皮《かわ》でつつまれています。芽《め》がでるまで、はいとはい乳《にゅう》をまもっているのです。

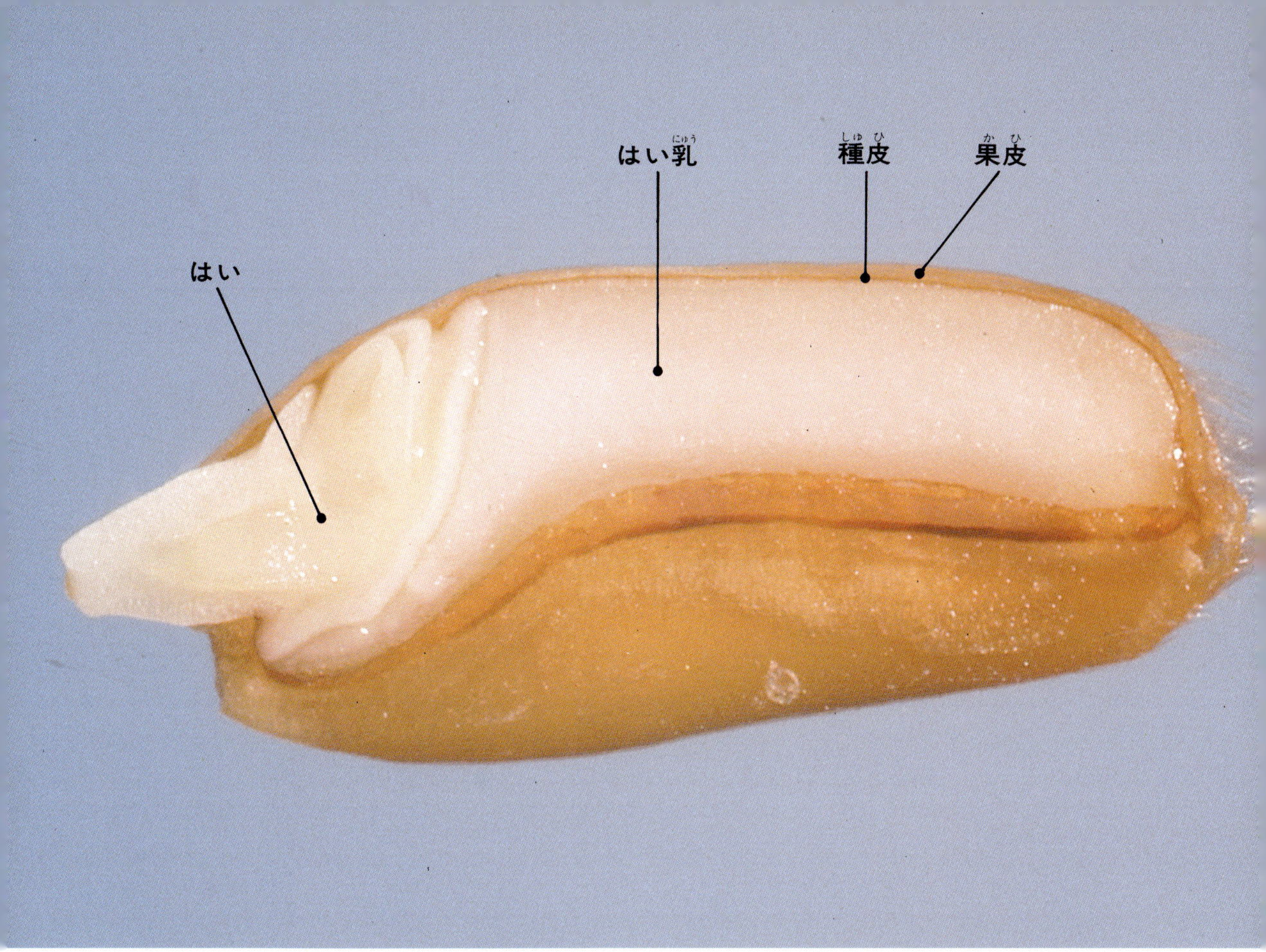

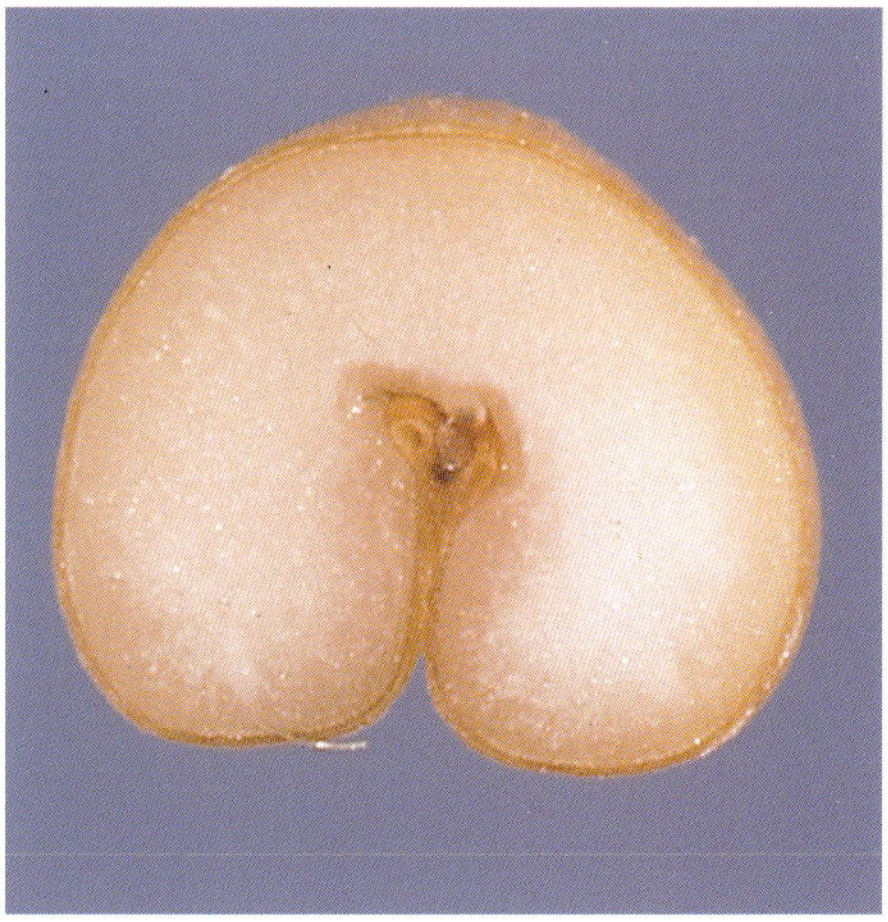

ムギのたねを横《よこ》にきったところ。まん中《なか》にみぞがあります。

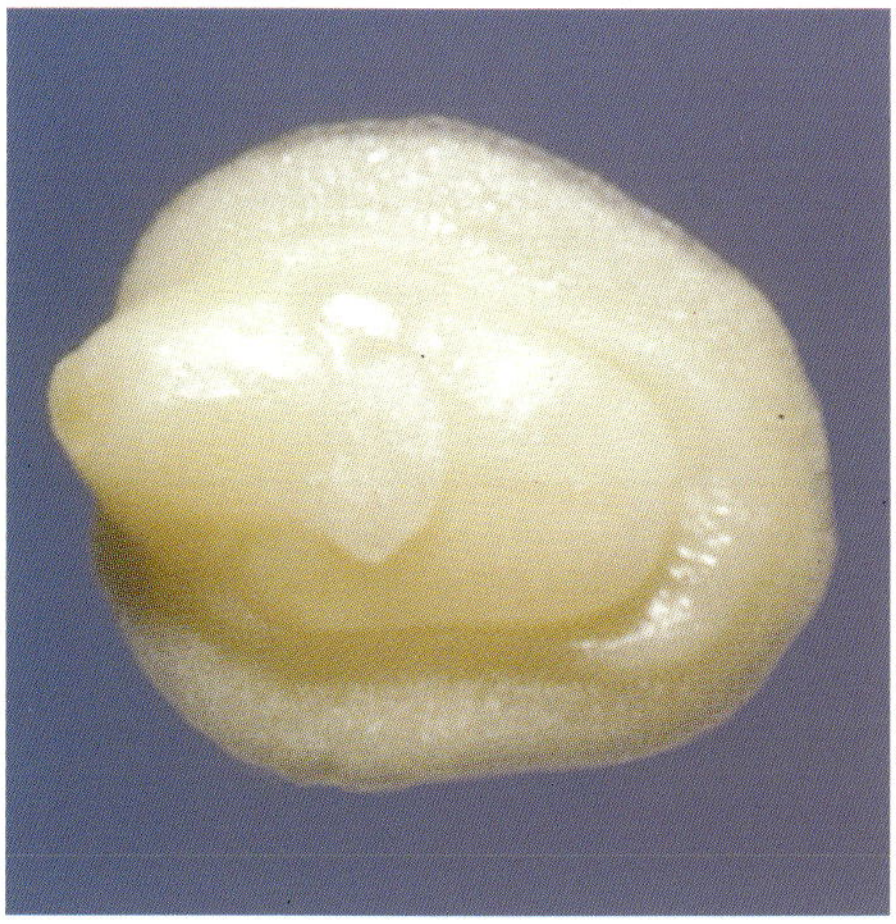

はいだけをとりだしてみたところ。

⬆たねまきの２日後《かご》。たねの皮《かわ》をやぶってまずでてくるのは，白《しろ》い根《ね》と芽《め》です。

⬆それから２日後《かご》，根《ね》と芽《め》（鞘葉《しょうよう》）がぐんぐんのびてきました。

⬆さらに２日後《かご》，根《ね》には，土《つち》の中《なか》の水分《すいぶん》をとりいれる，こまかな根毛《こんもう》もはえてきました。鞘葉《しょうよう》もずいぶんのびました。

地上《ちじょう》に芽《め》がでた

ムギのたねは、冬《ふゆ》の寒《さむ》さがやってくるまえに、土《つち》の中《なか》でてきとうな水分《すいぶん》と空気《くうき》をすって、活動《かつどう》をはじめます。

二～三日《にち》たつと、たねの皮《かわ》をやぶって、まっ白《しろ》な芽《め》が顔《かお》をだします。土《つち》の中《なか》の空気《くうき》がじゅうぶんにあるときは、まず根《ね》がでてきます。つぎに、いちばん最初《さいしょ》にでてくる葉《は》、鞘葉《しょうよう》がのびだします。

たねをまいて五～六日《にち》すると、根《ね》が二本《ほん》三本《ばん》とふえてきます。おなじころ、鞘葉《しょうよう》もどんどんのびてきます。でも、鞘葉《しょうよう》は、わずかに地上《ちじょう》に顔《かお》をだすだけです。かわって、本葉《ほんば》がのびてきます。

⬆たねまきから６日《か》後《ご》，地上《ちじょう》にでそろったムギの芽《め》。この芽《め》は，いちばん最初《さいしょ》にでてくる本葉《ほんば》で，第《だい》一葉《よう》といいます。葉《は》のふちの水玉《みずたま》は，葉《は》の中《なか》のよぶんな水《すい》分《ぶん》をすてるときにできます。朝夕《あさゆう》の空気中《くうきちゅう》の水分《すいぶん》が多《おお》いときによく見《み》られます。

地上《ちじょう》に芽《め》がでそろったムギ畑《ばたけ》。この畑《はたけ》ではうねをたてず、全面《ぜんめん》にたねをまきました。地上《ちじょう》に芽《め》がでるころは、地方《ちほう》によって、鳥《とり》がたねをほじくりだして食《た》べることがあります。この畑《はたけ》ではあみをかぶせて、鳥《とり》からムギをまもっています。

● 芽《め》と根《ね》の生長《せいちょう》につかわれる「はい乳《にゅう》」

①地上《ちじょう》に芽《め》がでたころのはい乳《にゅう》。水《みず》をすって乳《ちち》のようになります。
②２まいめの葉《は》がでたころのはい乳《にゅう》。すこしへっています。
③３まいめの葉《は》がでたころのはい乳《にゅう》。ほとんどなくなりました。
④はい乳《にゅう》がからになると，葉《は》ででんぷんをつくるようになります。

はい乳《にゅう》のはたらき、根《ね》のはたらき

地上《ちじょう》に芽《め》がではじめたころの、たねのようすを見《み》てみましょう。はい乳《にゅう》は、まだいっぱいつまっています。

しかし、芽《め》と根《ね》の生長《せいちょう》がすすむにつれて、はい乳《にゅう》はしだいになくなっていきます。二まい三まいと、本葉《ほんば》が地上《ちじょう》に顔《かお》をだすころには、はい乳《にゅう》はすっかり、からになってしまいます。

そうです。はい乳《にゅう》は、おさない植物《しょくぶつ》がそだつときの乳《ちち》の役目《やくめ》をしていたのです。

はい乳《にゅう》がからになるころ、ムギは、自分《じぶん》で根《ね》から水《みず》や養分《ようぶん》をすいとり、光《ひかり》を利用《りよう》して、葉《は》ででんぷんをつくって生長《せいちょう》していきます。

でも、このころの根《ね》のはたらきは、まだじゅ

⬅ムギの根《ね》と根毛《こんもう》。養分《ようぶん》をすいとるのは，根《ね》の先《さき》から６cmくらいの部分《ぶぶん》。根《こん》毛《もう》の役目《やくめ》は，おもに水分《すいぶん》をすいとること。根毛《こんもう》は，１mmの長《なが》さの中《なか》に 700～1,000本《ぼん》もあります。

うぶんでなく、寒《さむ》さや乾燥《かんそう》に弱《よわ》いのです。
乳《ちち》ばなれをぶじにすませたムギは、まもなくおとずれる寒《さむ》い冬《ふゆ》をまえに、土《つち》の中《なか》深《ふか》く根《ね》をのばし、葉《は》の数《かず》もふやしていきます。

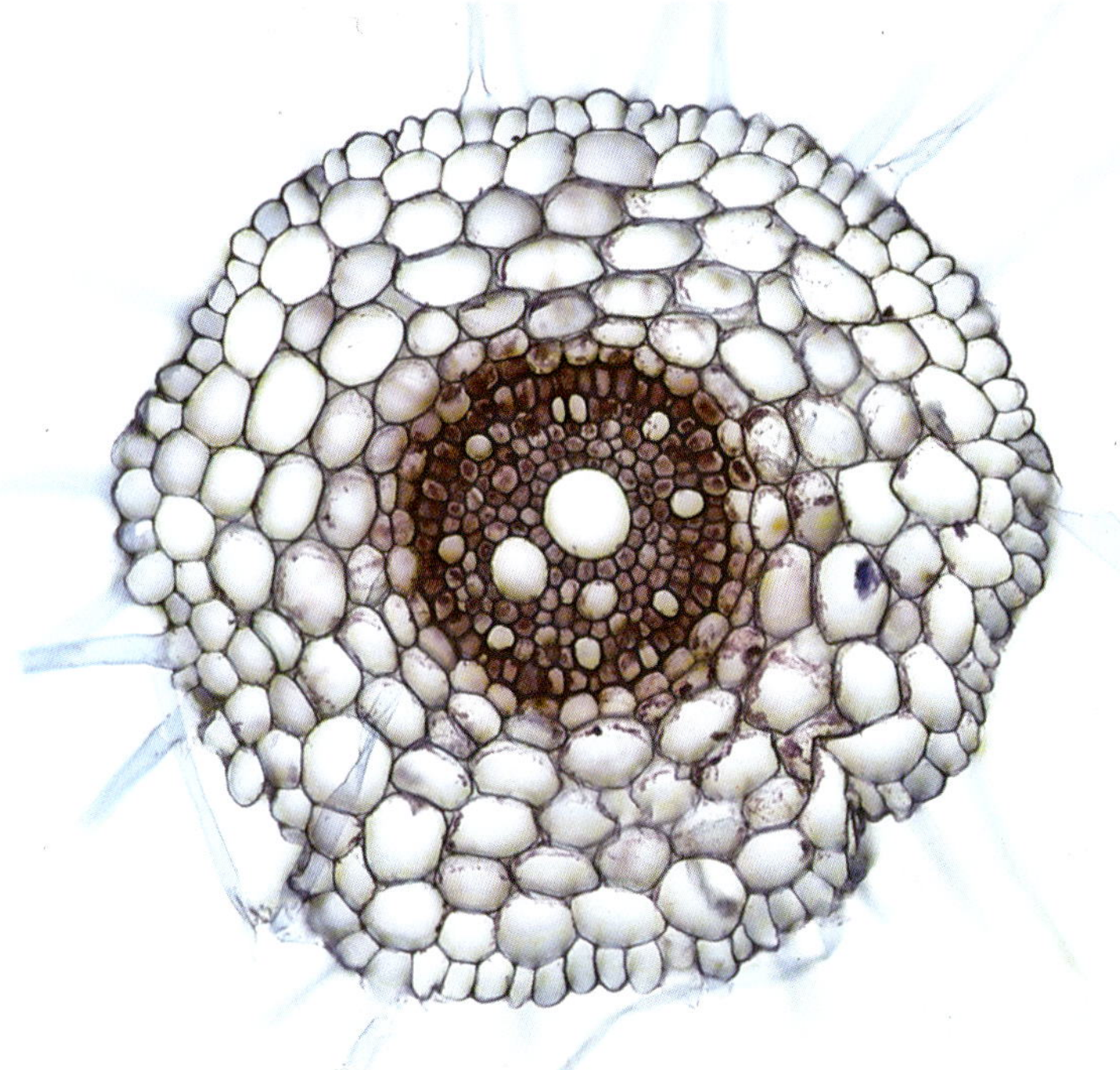

⬆ムギの根《ね》の断面《だんめん》。空気《くうき》の通《とお》る管《くだ》がありません。そのため，水田《すいでん》のような空《くう》気《き》のすくないところでは，生活《せいかつ》できません。

⬅生長《せいちょう》したイネの根《ね》の断面《だんめん》。呼吸《こきゅう》をするための空気《くうき》の通《とお》る管《くだ》があります。ですから，水《みず》の中《なか》でも生《い》きていけます。ただし，でたてのイネの根《ね》は，ムギとほとんどかわりありません。

↑ムギふみのあとのムギ畑《ばたけ》。葉《は》はおれまがっていても，しっかりと根《ね》をはっているので，じょうぶにそだちます。

↑ムギふみまえのムギ畑《ばたけ》。このままほうっておくと，根《ね》の育《そだ》ちがわるくなり，くきの数《かず》もあまりふえません。

ムギふみ

霜《しも》がおりる冬《ふゆ》も、ムギは根《ね》をのばし、葉《は》の数《かず》をふやしていきます。

ところが、この季《き》節《せつ》になると、生長《せいちょう》しているムギをわざわざふみつける、ムギふみの作《さ》業《ぎょう》がおこなわれます。なぜ、このようなムギをいためつけることをするのでしょうか。

じつは、ムギふみは霜柱《しもばしら》で土《つち》がもちあげられ、根《ね》がきれるのをふせぎます。強《つよ》い風《かぜ》で、ねもとの土《つち》がふきとばされるのもふせぎます。

しかも、ムギはふみつけられると、そのしげきで寒《さむ》さに強《つよ》くなります。また、くきがたくさんえだわかれします。くきが多《おお》いと、将《しょう》来《らい》たくさん実《み》をつけることもできます。

⬆石《いし》のローラーをつかったムギふみ。石《いし》は，25㎏くらいあります。うしろのほうでは，むかしながらの，足《あし》ぶみによるムギふみをしています。

➡くきをたてにきったところ。一本《ぽん》のくきのねもとから、左右《さゆう》に規則《きそく》ただしくくきがえだわかれして、分《ぶん》けつしていくようすがわかります。

⬅くきのねもとを横《よこ》にきったところ。はじめのくき(①)から新《あたら》しいくきが、番号順《ばんごうじゅん》に、右《みぎ》と左《ひだり》にわかれて分《ぶん》けつしていくようすがわかります。▲は、分《ぶん》けつしたく[illegible]

分《ぶん》けつ

冬《ふゆ》をこすムギは、根《ね》や葉《は》をふやすだけでなく、ねもとからさかんにくきもふやします。これを分《ぶん》けつといいます。分《ぶん》けつは、ひとつのたねからたくさんのほをだし、たくさん実《み》をとるためには、とてもたいせつなのです。

十二月《がつ》の中《なか》ごろ、ムギの葉《は》が四まいになると、くきの下《した》から新《あたら》しい芽《め》がうまれます。そして、その芽《め》がそだつとくきになり、ここからまたつぎの分《ぶん》けつがはじまります。

くきは、十本《ぽん》くらいにふえます。しかし、そのうちほをつけるのは五本《ほん》くらい。ほをつけないくきはやがてかれ、そのとき、ほをつけるくきに栄養分《えいようぶん》をあたえる役目《やくめ》をします。

④
②
③
⑥
①
⑤

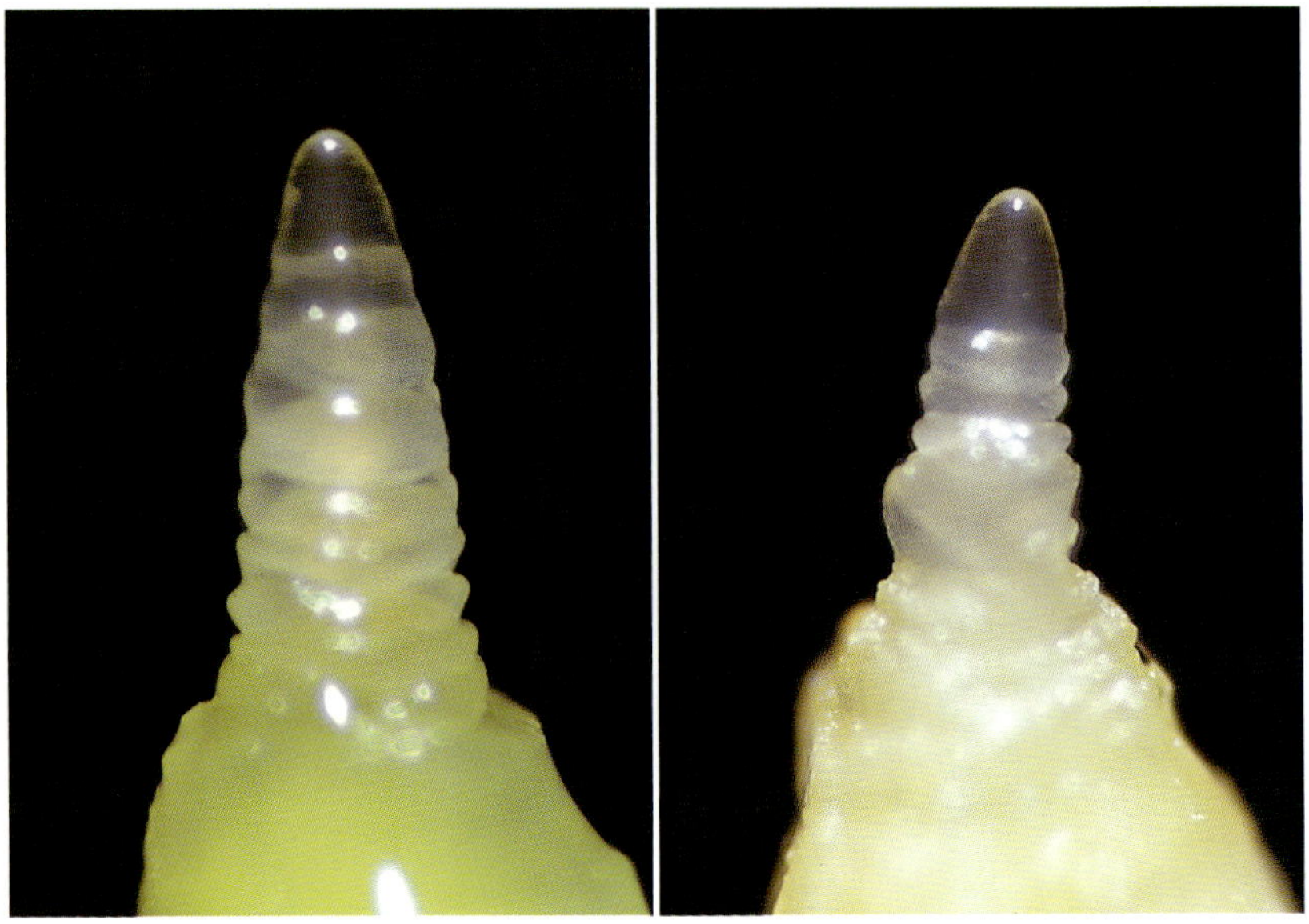

→二月《がつ》十四日《か》にみつけた、くきの先《さき》にできたほの赤《あか》ちゃん(右《みぎ》)。十日《か》後《ご》には、倍《ばい》以上《いじょう》の大《おお》きさになりました(左《ひだり》)。

←二月《がつ》のムギ畑《ばたけ》。葉《は》に霜《しも》がついています。葉《は》はしおれているように見《み》えますが、さやにつつまれたくきの先《さき》には、ほの赤《あか》ちゃんが生長《せいちょう》しています。

ほのもとができる

ムギは寒《さむ》さに強《つよ》い植物《しょくぶつ》です。一月《がつ》のいてつく空《そら》のもとでも、分《ぶん》けつをつづけます。それどころか、将来花《しょうらいはな》をさかせ、たねをつけるためのほの赤《あか》ちゃんもつくりはじめています。

秋《あき》にたねをまくムギは、寒《さむ》い冬《ふゆ》をすごさないと、ほをつけない性質《せいしつ》をもっているのです。

一月《がつ》の中《なか》ごろから二月《がつ》のはじめ、ムギのくきの先《さき》のようすをしらべてみましょう。

それまで葉《は》をつくっていたくきの先《さき》は、葉《は》をつくるのをやめて、とても小《ちい》さなほ(幼穂《ようすい》)をつくりはじめます。

ほの赤《あか》ちゃんは、北風《きたかぜ》にふかれながら、ゆっくりと、生長《せいちょう》していきます。

➡雪《ゆき》の中《なか》から顔《かお》をだしたムギの葉《は》。ムギは寒《さむ》さに強《つよ》い植物《しょくぶつ》ですが、長《なが》い期間《きかん》にわたり、雪《ゆき》の深《ふか》さが五十センチメートルをこえる地方《ちほう》では、ユキグサレ病《びょう》にかかることがあります。

⬅地上《ちじょう》の葉《は》は、雪《ゆき》におしつぶされています。しかし、根《ね》は地中深《ちちゅうふか》くのびて、さかんに活動《かつどう》しています。この季節《きせつ》に、地中深《ちちゅうふか》くのびたムギの根《ね》のことを、前橋地方《まえばしちほう》では、「冬《ふゆ》のムギは地獄《じごく》の底《そこ》までのびている」といいます。

雪《ゆき》の下《した》でのびる根《ね》

冬《ふゆ》の寒《さむ》さや雪《ゆき》の中《なか》でも、ムギは生《い》きつづけることができます。このひみつは、いったいなんでしょう。

じつは、ムギの根《ね》は土《つち》が乾燥《かんそう》していて、空気《くうき》を多《おお》くふくんでいるほど、地中深《ちちゅうふか》くのび、根毛《こんもう》もたくさんだします。しかも、寒《さむ》い土地《とち》ほどよく生長《せいちょう》し、地下《ちか》二メートルの深《ふか》さまでのびることもあります。

地中深《ちちゅうふか》くはりめぐらされた根《ね》は、春《はる》になっていっきに生長《せいちょう》し、ほに実《み》をつけるときに、大《おお》きなはたらきをします。根《ね》は、土《つち》の中《なか》の水《みず》や養分《ようぶん》をすいとり、生長《せいちょう》にかかせない役目《やくめ》をしているのですから。

クワ畑《ばたけ》も、スモモの木《き》も、雑木林《ぞうきばやし》も、すっかり葉《は》がおち、あたりはいちめんの冬景色《ふゆげしき》。ムギ畑《ばたけ》だけが、あおあおとしています。

➡ムギの葉《は》を拡大《かくだい》してみました。葉脈《ようみゃく》が平行《へいこう》に走《はし》っているのが、ムギやイネの特《とく》ちょう。葉脈《ようみゃく》はみどりの工場《こうじょう》のパイプラインです。

⬅太陽《たいよう》の光《ひかり》をつかい、二酸化炭素《にさんかたんそ》と水《みず》とから栄養分《えいようぶん》をつくることを光合成《こうごうせい》といいます。

●ムギの光合成《こうごうせい》

葉《は》はみどりの工場《こうじょう》

ムギも、ほかの植物《しょくぶつ》とおなじように、葉《は》がなくては生《い》きていけません。葉《は》では、生長《せいちょう》に必要《ひつよう》なでんぷんをつくっています。

でんぷんは、太陽《たいよう》の光《ひかり》をつかい、空気中《くうきちゅう》の二酸化炭素《にさんかたんそ》と、根《ね》からすいあげた水《みず》からつくります。そのため、葉《は》の中《なか》には、太陽《たいよう》の光《ひかり》をつかまえるみどり色《いろ》の葉緑素《ようりょくそ》が、いっぱいはいっています。

また、葉《は》の表《おもて》とうらには、二酸化炭素《にさんかたんそ》をとりいれる気孔《きこう》があります。気孔《きこう》からは、でんぷんづくりのときにでる酸素《さんそ》や、あまった水《すい》分《ぶん》をだします。気孔《きこう》は、太陽《たいよう》の光《ひかり》によって自《じ》動的《どうてき》にあけしめのできる窓《まど》のようなものです。

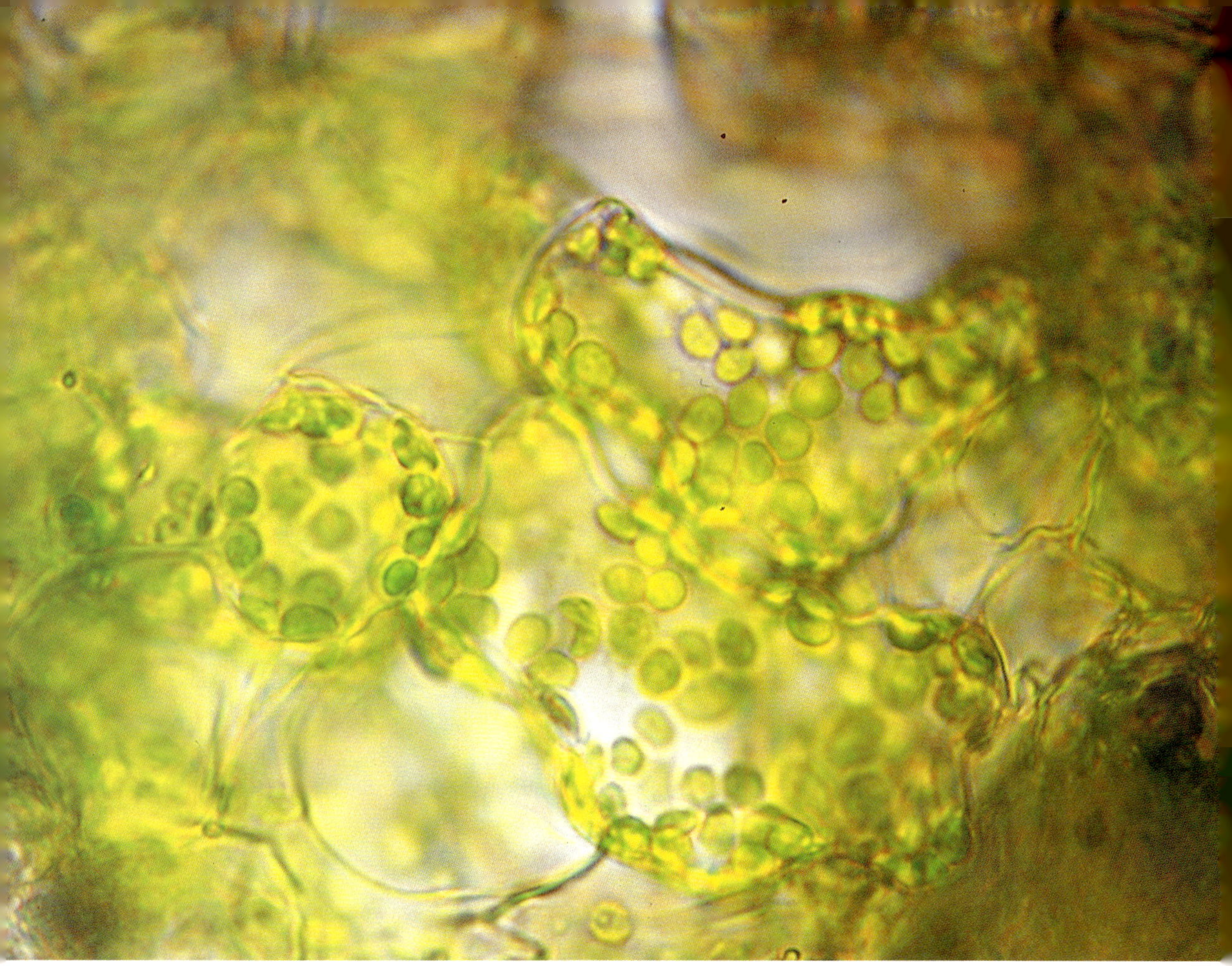

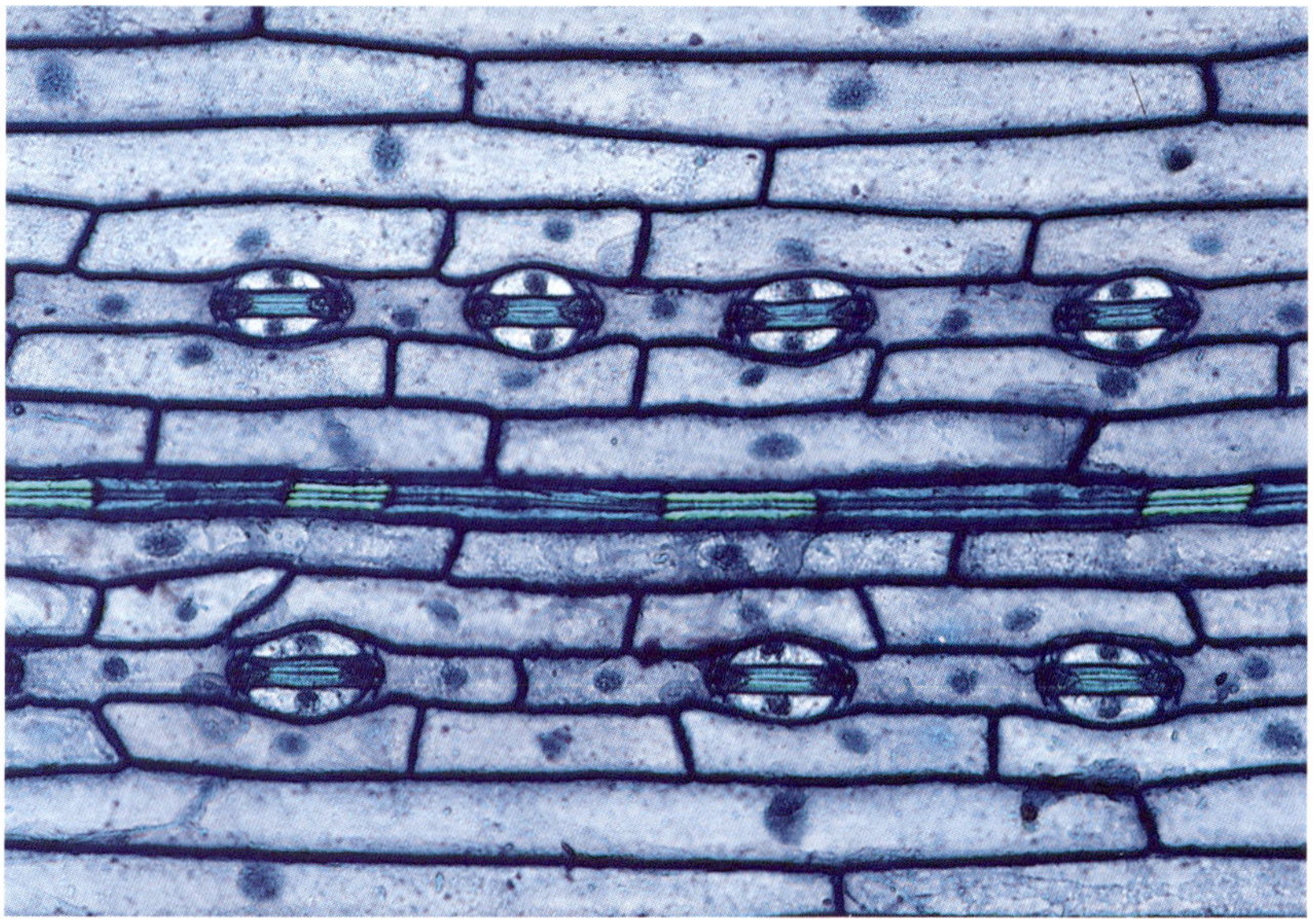

⬆ムギの葉《は》には，みどり色《いろ》をした葉緑素《ようりょくそ》がたくさんつまっています。

⬅けんび鏡《きょう》でのぞいた，葉《は》の気孔《きこう》。中央《ちゅうおう》の葉脈《ようみゃく》をはさんで，気孔《きこう》がならんでいます。気孔《きこう》の数《かず》は表側《おもてがわ》のほうが多《おお》くあります。

➡さやにつつまれたムギのくきの断面《だんめん》(上《うえ》)。くきに色水《いろみず》をすわせたので、水《みず》の通《とお》り道《みち》が赤《あか》くなっています。くきをたてにきってみると、水《みず》の通《とお》り道《みち》が、まっすぐにのびていることがわかります。中心《ちゅうしん》は空《くう》どうになっています。

⬅ムギのくきの節《ふし》。ムギがたおれたとき、節《ふし》の部分《ぶぶん》からまがって上《うえ》をむきます。

くきがのびる春《はる》

菜《な》の花《はな》のさく四月《がつ》になると、春風《はるかぜ》にさそわれて、ムギのくきがさかんにのびはじめます。一日《にち》に、一・五センチメートルくらいのびる日《ひ》もあります。

くきは、根《ね》からすいあげた水《みず》や養分《ようぶん》の通《とお》り道《みち》です。葉《は》の中《なか》でつくったでんぷんを、ほにはこぶ役目《やくめ》もします。

ムギを地上《ちじょう》にしっかりとたて、葉《は》をひろげるためにも、くきは必要《ひつよう》です。実《み》ができるころは、重《おも》いほをささえなくてはなりません。だから、くきはとりいれのときがちかづくにつれて、だんだんかたく、しっかりとしてきます。

⬆菜《な》の花畑《はなばたけ》とムギ畑《ばたけ》の上《うえ》を，春風《はるかぜ》がふきぬけていきます。このころのムギは，地面《じめん》にちかい節《ふし》と節《ふし》の間《あいだ》のくきがのびだします。葉《は》もぐんぐん生長《せいちょう》していきます。

⬆葉《は》のさやをはずして，ほの生長《せいちょう》を追《お》ってみました。右《みぎ》，３月《がつ》７日《か》，まんなかは３月《がつ》28日《にち》，左《ひだり》，４月《がつ》４日《か》。１か月《げつ》たらずのうちに，約《やく》１㎜のほが10㎜の大《おお》きさになりました。

ほがでてきた

一月の中《なか》ごろにうまれた幼穂《ようすい》は、その後《ご》、どのように生長《せいちょう》していくのでしょう。

三月《がつ》のはじめごろ、幼穂《ようすい》は、一ミリメートルの大《おお》きさしかありません。三月《がつ》のおわりごろ、やっと二〜三ミリメートルになり、花《はな》のもとがつくられはじめます。

四月《がつ》になると、約《やく》十ミリメートルになり、ほの先《さき》から毛《け》がのびだします。やがて、五月《がつ》の声《こえ》をきくと、さやをおしのけて、みどり色《いろ》のほがいっせいにではじめます。

ムギのほの赤《あか》ちゃんたんじょうから、くきの先《さき》にそのすがたをあらわすまで、なんと三か月半《げつはん》もかかるのです。

5月《がつ》5日《か》，ムギのほが，さやをおしわけていちめんにでそろいました。

ほがさやからでてくるようす。ではじめてから，およそ2日《か》でほはのびきります。

テントウムシの幼虫《ようちゅう》(下《した》)を食《た》べるカゲロウの幼虫《ようちゅう》(上《うえ》)。

ムギのほについたアブラムシを食《た》べるテントウムシの成虫《せいちゅう》。

ムギのくきのしるをすうアブラムシ。4～5月《がつ》にいちばん多《おお》く見《み》られます。

ムギ畑《ばたけ》の生《い》きもの

ほがでそろうころのムギ畑《ばたけ》には、いろいろな虫《むし》や小動物《しょうどうぶつ》がやってきます。

アブラムシは、ムギの葉《は》やくきからしるをすい、ほの生長《せいちょう》をさまたげる害虫《がいちゅう》のひとつです。このアブラムシを食《た》べに、テントウムシがやってきます。

アマガエルもやってきます。アマガエルは葉《は》かげにかくれて、テントウムシや小《ちい》さな昆虫《こんちゅう》をおそって食《た》べます。このカエルをねらい、ヘビや鳥《とり》もやってきます。

いちめんみどりの海《うみ》にみえるムギ畑《ばたけ》でも、このような食《た》べたり食《た》べられたりのドラマが、くりひろげられているのです。

↑ムギのほとくきにあみをはり，えものをまちうけるクモ。

←ムギ畑《ばたけ》にやってくる昆虫《こんちゅう》を食《た》べるアマガエル。

➡ほについた花《はな》を分解《ぶんかい》してみたところ。このほには、六つ花《はな》がついていましたが、おしべやめしべがあるのは四つだけです。

⬅ムギの花《はな》のさくようす。①まず、えいがひらく。②おしべがのびて花粉《かふん》がでる。③めしべに花粉《かふん》がつく。④約《やく》三十分《ぷん》でえいがとじた。イネの花《はな》では、ひらいてからとじるまで三十分《ぷん》～一時間《じかん》。花《はな》がさくのは、だいたい午前中《ごぜんちゅう》です。

花《はな》がひらいた

ほがでてから三～六日《か》め、ムギの花《はな》がさきはじめます。ムギの花《はな》には、花《はな》びらやがくはありません。かわりにえいがあります。えいの中《なか》に、おしべやめしべがはいっています。

えいがひらくと、おしべから花粉《かふん》がでて、めしべにつきます。すると、やがてえいはとじてしまい、二度《ど》とひらくことはありません。

ムギの花《はな》は、夜中《よなか》の何時間《なんじかん》かをのぞき、つぎつぎひらいては、とじていきます。

⬆5月《がつ》のそよ風《かぜ》にのってとびちるムギの花粉《かふん》(ストロボ撮影《さつえい》)。ムギの花《はな》は，一本《ぽん》のほの中《なか》では，まんなかよりやや上《うえ》の部分《ぶぶん》からさきはじめ，上《うえ》と下《した》にむかってつぎつぎさいていきます。イネの花《はな》では，ほの上《うえ》のほうから下《した》にむかってさいていきます。

➡花粉《かふん》がたくさんついためしべの頭《あたま》。花粉《かふん》がめしべの頭《あたま》につくことを受粉《じゅふん》といいます。ねもとのふくらみは子房《しぼう》。

たねのできかた

めしべには、八十～百本《ぽん》の毛《け》がついています。さらに一本《ぽん》一本《ぽん》の毛《け》には、花粉《かふん》がつきやすいように、とげとげがついています。

花粉《かふん》は、めしべの毛《け》につくと管《くだ》をだして、めしべのねもとにある子房《しぼう》までのびていきます。子房《しぼう》の中《なか》にはたまごがあり、管《くだ》がそこにたどりつくと、たねがそだちはじめます。そして、子房《しぼう》もふくらみはじめます。

一か月《げつ》たつと、子房《しぼう》はもっとも大《おお》きくふくらみます。しかし、その後《ご》は重《おも》さがへっていきます。たねの中《なか》の水分《すいぶん》が、すくなくなるからです。でも、はい乳《にゅう》への栄養分《えいようぶん》は、葉《は》やくきからおくられつづけます。

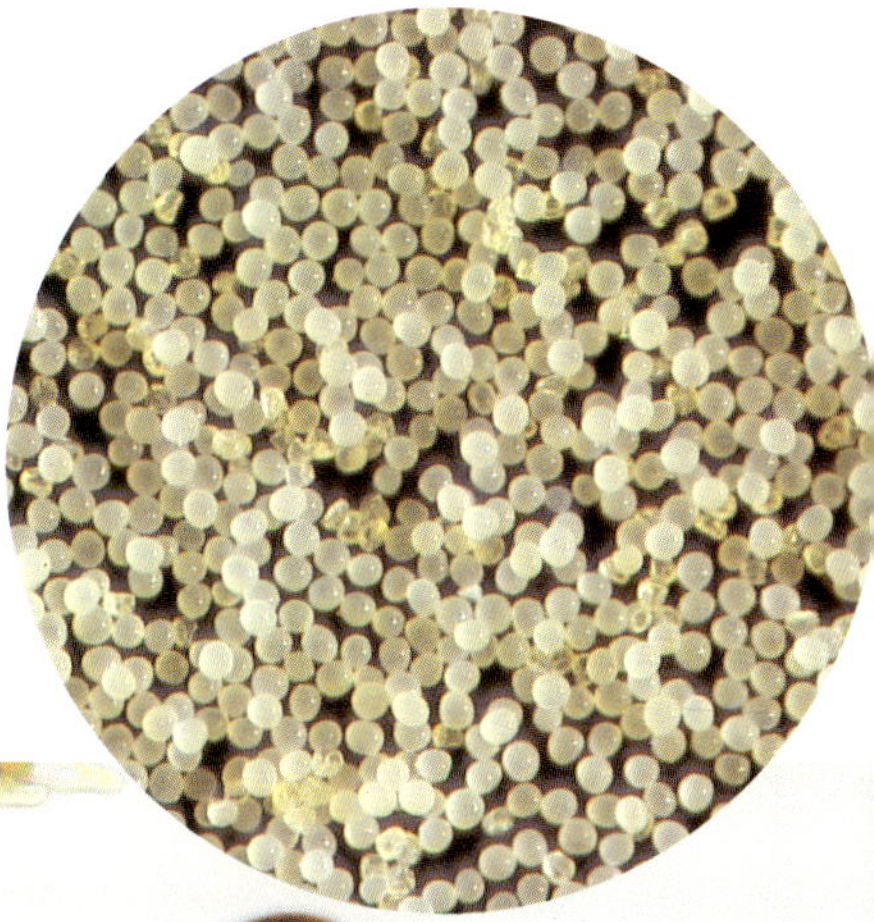

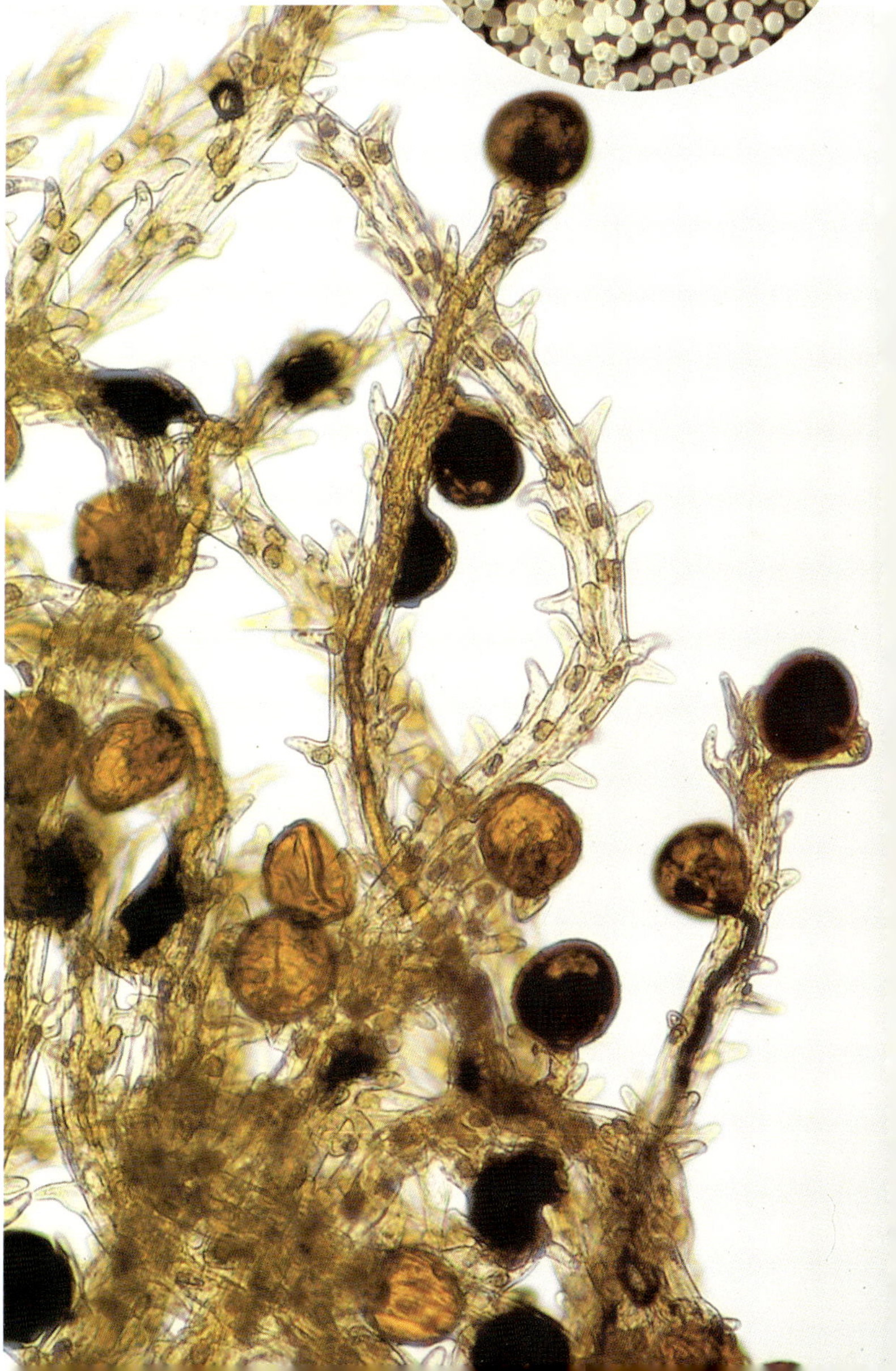

➡⬇花粉《かふん》(右《みぎ》)と、めしべの中《なか》を、子房《しぼう》にあるたまごをめざしてのびる花《か》粉《ふん》の管《くだ》(下《した》)。花粉《かふん》の下《した》にのびる茶色《ちゃいろ》い管《くだ》がそうです。よくわかるようにそめてあります。

⬅受粉後《じゅふんご》五日《か》。子房《しぼう》は、最初《さいしょ》たてに長《なが》くなります。

⬅受粉後《じゅふんご》十五日《にち》。つぎに、子房《しぼう》の重《おも》さがふえます。

⬅受粉後《じゅふんご》二十八日《にち》。水分《すいぶん》がすくなくなり、たねらしくなります。

いろいろなムギ

六月《がつ》にはいると、ムギ畑《ばたけ》は黄色《きいろ》く色《いろ》づきはじめます。梅雨入《つゆい》りまえの、この季節《きせつ》を麦秋《ばくしゅう》といいます。ほには、じゅくした実《み》がたくさんついています。とりいれは、もうすぐです。

やがて、この実《み》の中《なか》のたねからコムギ粉《こ》がつくられ、パンやケーキ、うどん、マカロニなどとなって、わたしたちの口《くち》にはいります。

人間《にんげん》だけでなく、家畜《かちく》もムギを食《た》べてそだちます。オオムギやエンバクは、家畜《かちく》にはなくてはなら

➡とりいれまぢかのコムギ畑《ばたけ》。たわわにみのったほを、じょうぶなくきがささえています。

⬆オオムギ。食用《しょくよう》や家畜《かちく》のえさのほか，みそやしょう油《ゆ》の原料《げんりょう》になります。

⬆ビールムギ。オオムギのなかま。つぶが大《おお》きくそろっています。

ないムギです。
ムギには、そのほか、ビールをつくるビールムギや、ウイスキーや、黒《くろ》パンの原料《げんりょう》となるライムギなどがあります。

⬆エンバク。家畜用《かちくよう》のえさなどとしてつかわれます。

⬆ライムギ。寒《さむ》さに強《つよ》く，−25℃でも生《い》きています。

●6月《がつ》のはじめ，黄色《きいろ》く色《いろ》づいたムギのほを，なでるようにして風《かぜ》がふきぬけていきます。

➡大型《おおがた》コンバインをつかっての、ムギのとりいれ。かりとりと、ほかからムギつぶをとりだす脱《だっ》こくまで、一台《だい》のコンバインがやってくれます。写真《しゃしん》は、北海道《ほっかいどう》のムギの収穫《しゅうかく》風景《ふうけい》。北海道《ほっかいどう》では、九月《がつ》にたねをまいて、つぎの年《とし》の八月《がつ》のはじめに収穫《しゅうかく》します。

⬅ムギの収穫《しゅうかく》は、夜《よる》もやすみなくつづけられます。

とりいれ

ムギ畑《ばたけ》では、実《み》だけでなく、葉《は》やくきも黄色《きいろ》く色《いろ》づきました。

雨《あめ》がふるまえに、かりとりをすませなければなりません。雨《あめ》がふりつづくと、ムギはほのまま芽《め》をだしてしまうことがあるからです。

ですから、ムギをつくる農家《のうか》の人《ひと》たちにとっては、かりいれが、一年中《ねんじゅう》でいちばんいそがしい作業《さぎょう》となります。

朝《あさ》から晩《ばん》まで、畑《はたけ》のあちこちで、かりとり機械《きかい》のコンバインの音《おと》がします。

とりいれたら、ムギをすぐに乾燥《かんそう》し、サイロに貯蔵《ちょぞう》しなければなりません。

かりとったあとのムギわらが
もやされています。
灰《はい》は、田《た》や畑《はたけ》の
肥料《ひりょう》になります。
イネの田植《たう》えが
はじまるのは、
もうすぐです。

●二毛作《にもうさく》の地方《ちほう》では、ムギの収穫《しゅうかく》が
おわった土地《とち》に、イネをうえます。

＊ムギのふるさとと祖《そ》先《せん》

●コムギのきた道《みち》

コムギのふるさとと，伝《つた》わった経路《けいろ》です。

日本《にっぽん》でコムギがつくられるようになったのは，今《いま》から 1,600 年《ねん》ほどまえの，古墳時代《こふんじだい》のことです。中国大陸《ちゅうごくたいりく》，朝鮮半島《ちょうせんはんとう》をとおって，北九州地方《きたきゅうしゅうちほう》に伝《つた》わったといわれています。1,200年《ねん》くらいまえの奈《な》良時代《らじだい》には，水田《すいでん》のうら作《さく》として，全国的《ぜんこくてき》につくられるようになりました。

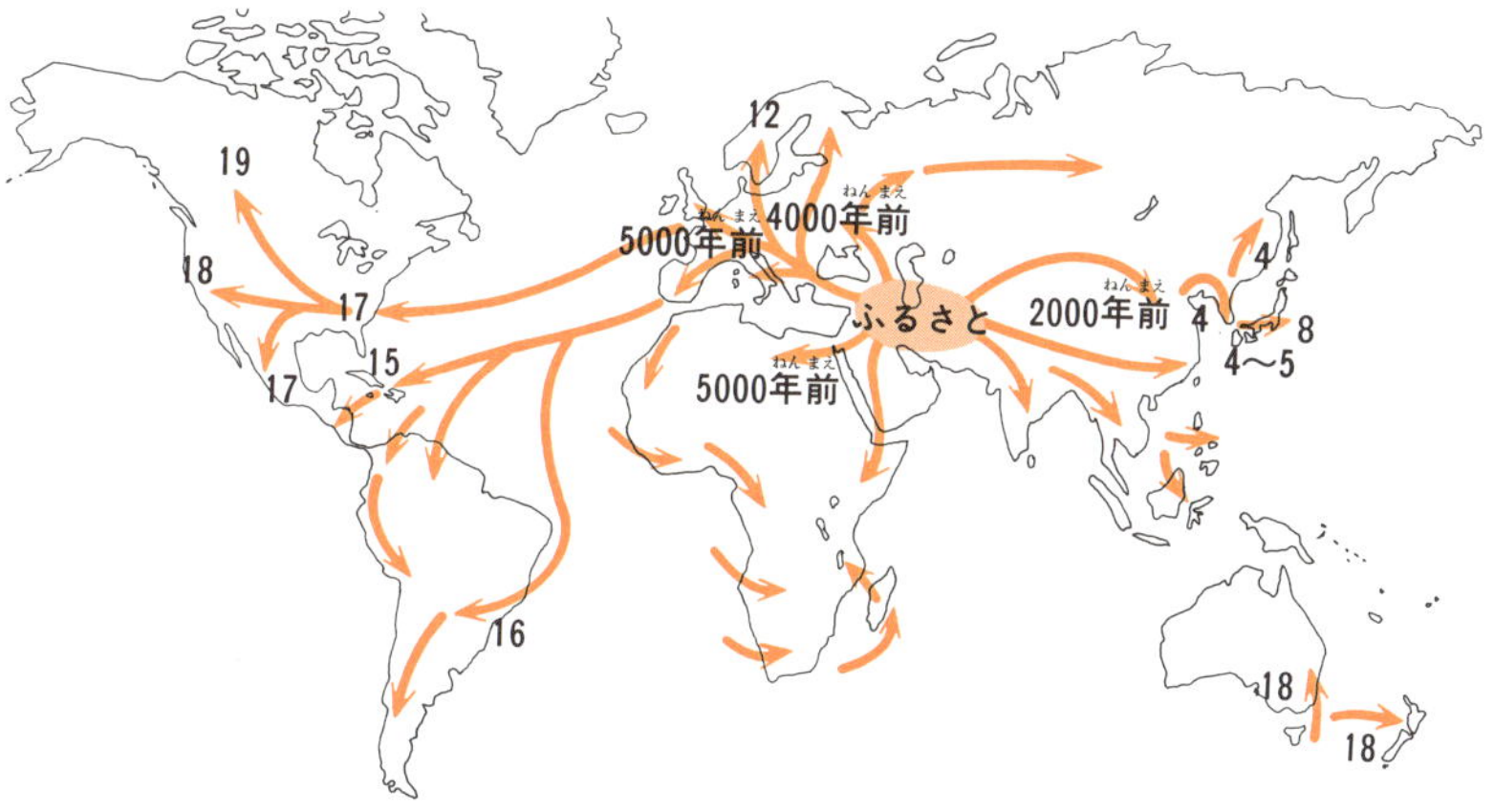

（地図《ちず》の中《なか》の数字《すうじ》は，伝《つた》わった世紀《せいき》を，それ以外《いがい》は今《いま》から何年前《なんねんまえ》に伝《つた》わったかをあらわします）

ムギの祖先《そせん》は、西《にし》アジアの草原《そうげん》にはえる雑草《ざっそう》でした。この地方《ちほう》の気候《きこう》は、冬《ふゆ》に雨《あめ》が多《おお》く、夏《なつ》は暑《あつ》く、乾燥《かんそう》しています。

この地方《ちほう》の大《おお》むかしの遺跡《いせき》をしらべた結果《けっか》、今《いま》から約《やく》一万《まん》年《ねん》まえ、人類《じんるい》は草原《そうげん》にはえる雑草《ざっそう》のなかから、コムギやオオムギをみつけだし、さいばいしていたことがわかりました。

ところで、現在《げんざい》のパンやうどんなどにつかわれているコムギ（普通系《ふつうけい》コムギ）の祖先《そせん》は、どんなムギでしょう。この大《おお》きななぞをといたのは、日本《にっぽん》の遺伝学者《いでんがくしゃ》の木《き》原《はら》均《ひとし》博《はく》士《し》でした。畑《はたけ》でさいばいされていた二粒系《にりゅうけい》コムギという種類《しゅるい》に、雑草《ざっそう》にちかいタルホコムギがまじりあって、現在《げんざい》のコムギがうまれたことを、一九四四年《ねん》につきとめたのです。

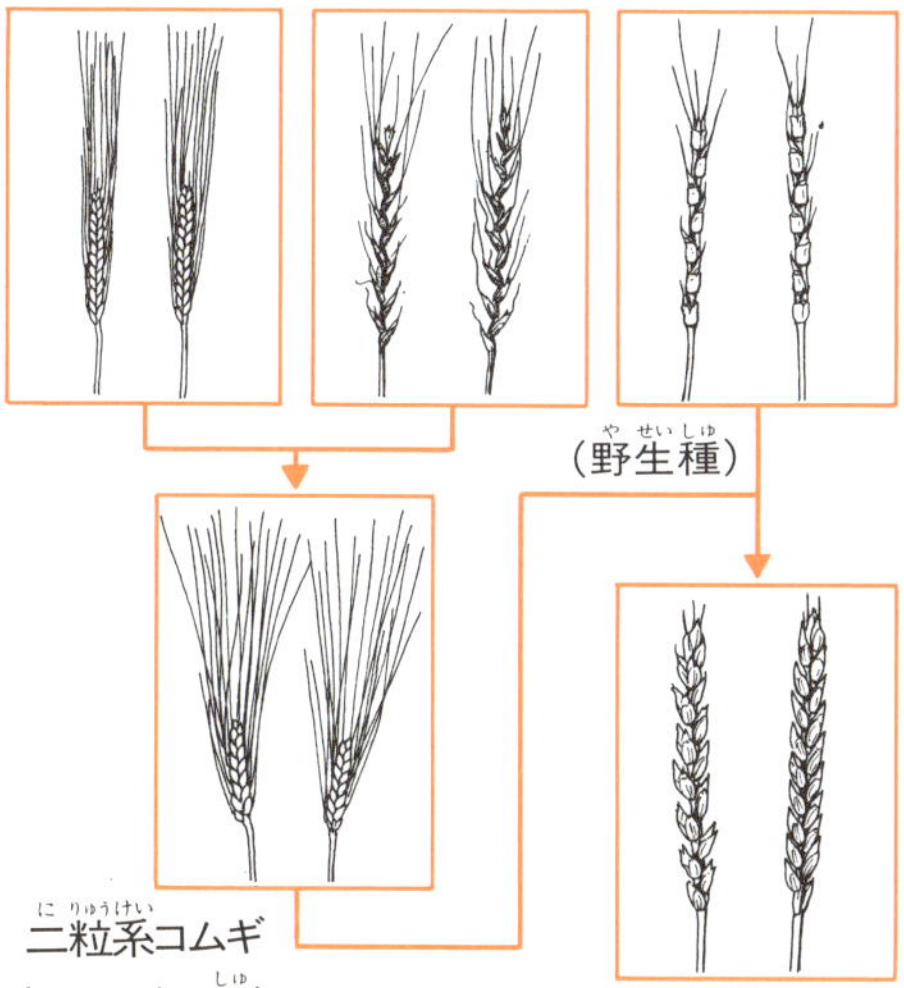

●コムギの祖先《そせん》しらべ

一粒系《いちりゅうけい》コムギにクサビコムギが自然《しぜん》にまじりあってできたのが，二粒系《にりゅうけい》コムギです。これにタルホコムギがまじりあって，いま世界《せかい》各地《かくち》でつくられている，普通系《ふつうけい》コムギがうまれました。

以上《いじょう》のことをあきらかにした木《き》原博士《はらはくし》の世界的《せかいてき》な発見《はっけん》は，コムギの品種改良《ひんしゅかいりょう》の基礎《きそ》になっています。

●世界《せかい》のコムギカレンダー（収穫期間《しゅうかくきかん》）

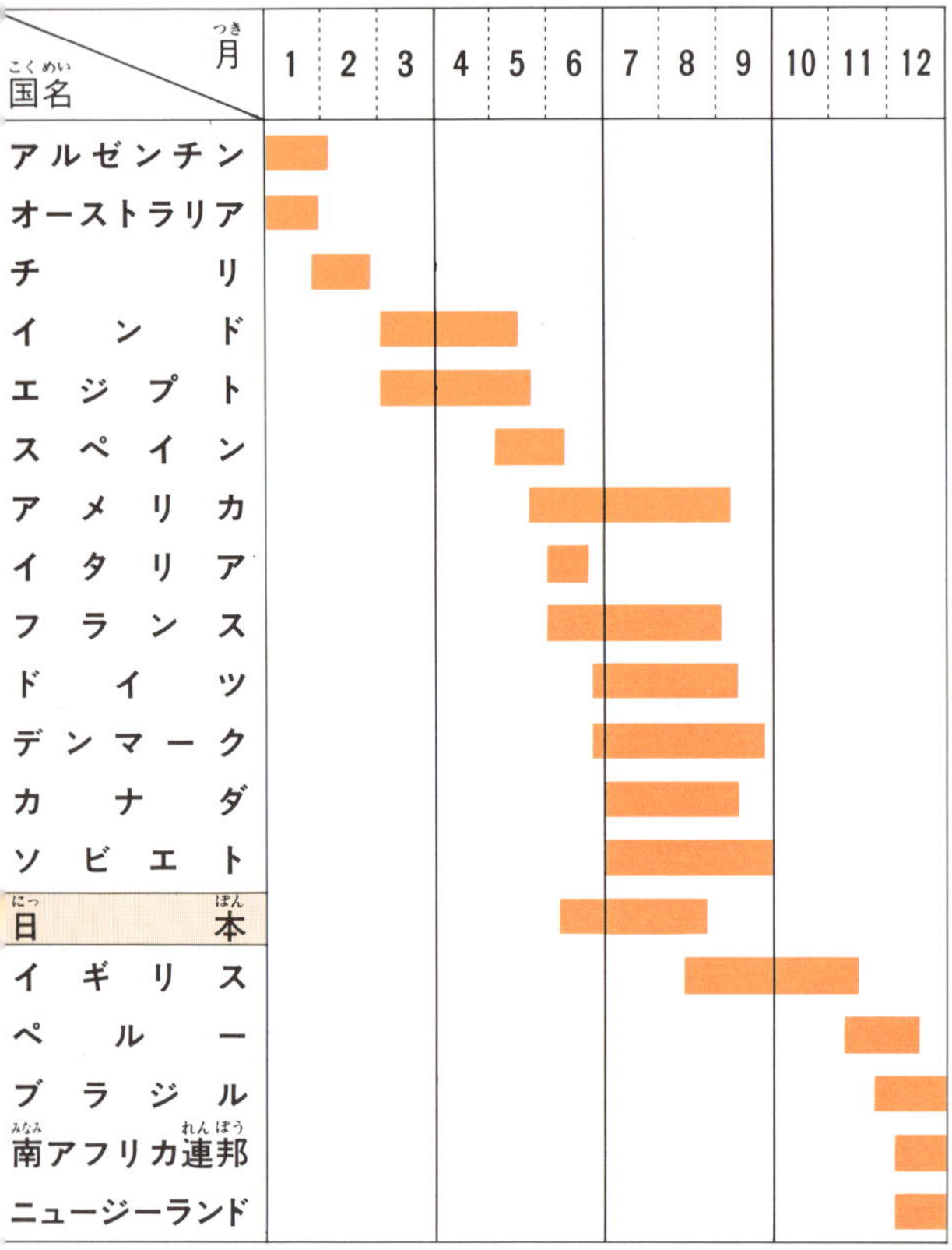

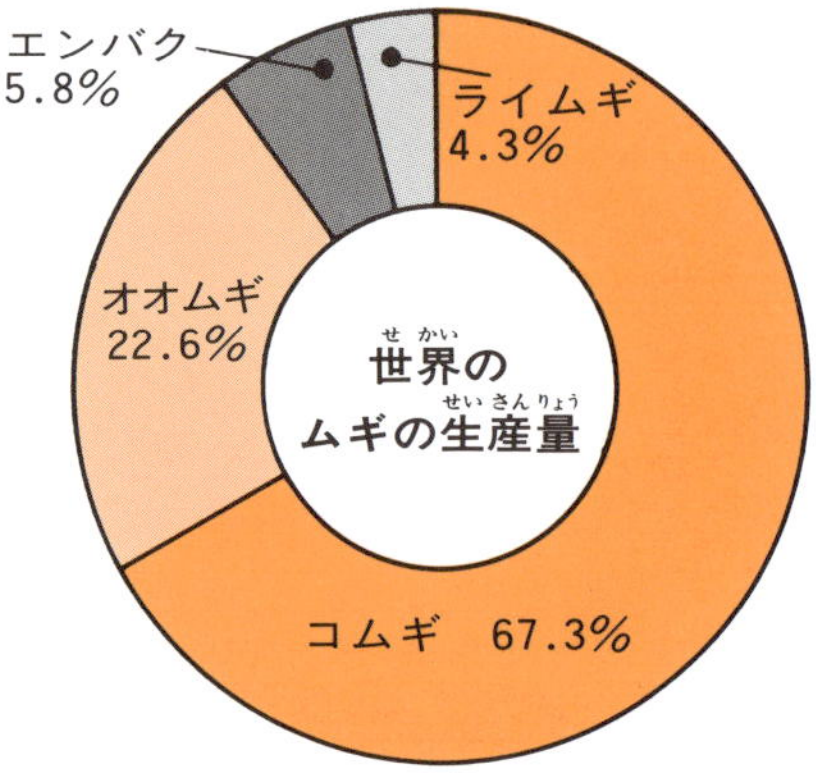

↑世界《せかい》のムギの生産《せいさん》は7.4億《おく》トン。そのうちコムギは，5億《おく》トンもつくられています。(1983年《ねん》)

←ムギは，一年中世界《ねんじゅうせかい》のどこかでつくられています。なかでもコムギは需要《じゅよう》の大《おお》きいムギです。いつ，どこでコムギがつくられているかは，コムギカレンダーをみればわかります。

＊世界《せかい》でつくられているムギ

ムギは、北半球《きたはんきゅう》から南半球《みなみはんきゅう》まで、世界《せかい》の各地《かくち》でつくられています。そのため、一年中《ねんじゅう》どこかの国《くに》で、とりいれがおこなわれています。

しかも、ムギは、世界中《せかいじゅう》でいちばん多《おお》くつくられている作物《さくもつ》です。一年間《ねんかん》に、七億《おく》四千万《せんまん》トン（一九八三年《ねん》）も生産《せいさん》されています。

そのうち、日本《にっぽん》でつくられるムギは、一年間《ねんかん》で、わずか百《ひゃく》十万《まん》トン。いっぽうつかうムギの量《りょう》は、約《やく》八百《ぴゃく》六十四万《まん》トンにもなります。たりない七百《ひゃく》五十四万《まん》トンはすべて、外国《がいこく》からの輸入《ゆにゅう》にたよっています。

輸入《ゆにゅう》の大部分《だいぶぶん》はコムギです。雨《あめ》の多《おお》い日本《にっぽん》でつくられるムギは、ふくまれているたん白質《ぱくしつ》の量《りょう》や質《しつ》がうどんにはむいていても、パンをつくるにはむいていません。そのため、すずしく乾燥《かんそう》した土地《とち》でできるパンむきのコムギを、たくさん輸入《ゆにゅう》しているのです。

父親《ちちおや》になるムギのおしべをとって花粉《かふん》をあつめ(右《みぎ》)，これを母親《ははおや》になるムギのめしべにつけて(左《ひだり》)，新《あたら》しい品種《ひんしゅ》をつくります。

品種改良《ひんしゅかいりょう》の試験場《しけんじょう》。白《しろ》いふくろは，ほかの品《ひん》種《しゅ》とまじりあわないようにかけられています。

ムギの品種改良《ひんしゅかいりょう》

「たくさん収穫《しゅうかく》ができて、病気《びょうき》に強《つよ》く、しかもパンやうどん、ケーキがつくれるムギができないものだろうか。」

こんな夢《ゆめ》のような新《あたら》しい品種《ひんしゅ》のコムギづくりも、農業試《のうぎょうし》験場《けんじょう》でこつこつと研究《けんきゅう》されています。

コムギの祖先《そせん》は、木原均《きはらひとし》博士《はくし》によって発見《はっけん》されましたが、この発見《はっけん》は、品種改良《ひんしゅかいりょう》の研究《けんきゅう》に、大《おお》いに役立《やくだ》っています。

なぜなら、品種改良《ひんしゅかいりょう》のためには、つくりたいコムギのとくちょうをもつ両親《りょうしん》や、祖先《そせん》をしらべなければならないからです。そして、そこからうまれたすぐれた性質《せいしつ》をもつムギをとりだして、品種改良《ひんしゅかいりょう》がおこなわれるのです。

日本《にっぽん》でつかわれるムギ（1983年《ねん》）

日本《にっぽん》ではどのムギがたくさんつかわれている？——日本《にっぽん》で1年間《ねんかん》に消費《しょうひ》しているムギ864万《まん》トンのうち，コムギが605万《まん》トンと，いちばんつかわれています。

日本《にっぽん》はコムギをどこから輸入《ゆにゅう》しているのだろう？——輸入《ゆにゅう》の58%はアメリカ。そのつぎにカナダ，オーストラリアとつづきます。

1年間《ねんかん》に日本《にっぽん》でつかわれるムギの量《りょう》はどれくらい？——864万《まん》トンものムギがつかわれています。そのうちで，87%は，輸入《ゆにゅう》にたよっています。

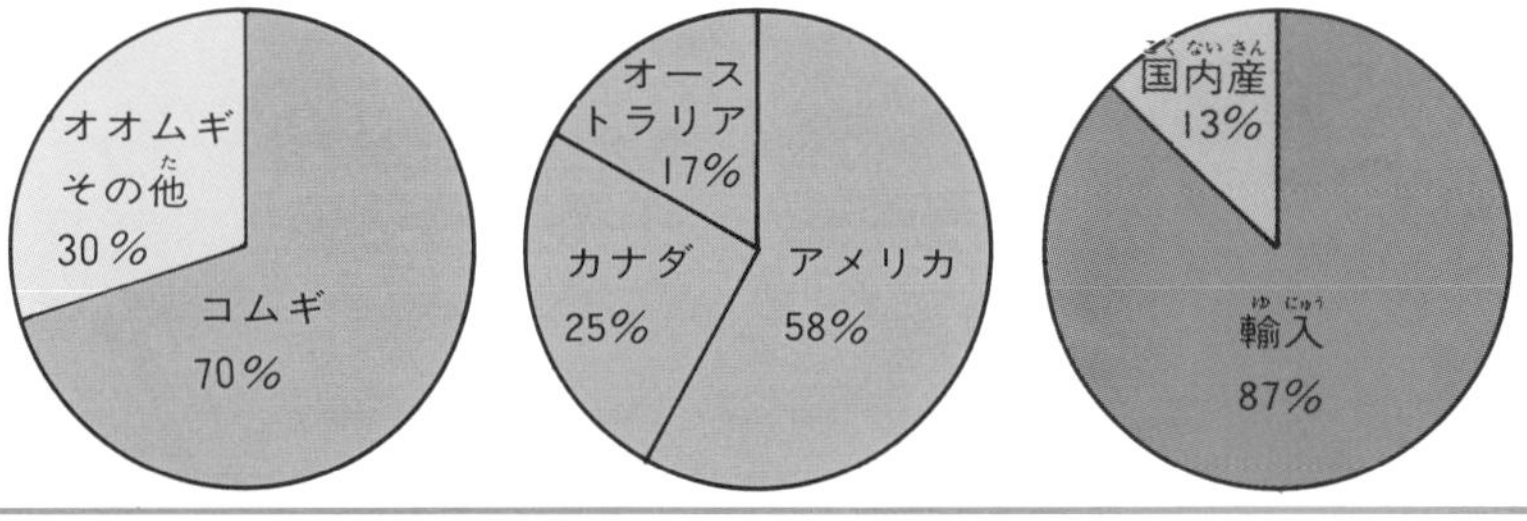

江戸時代《えどじだい》の農家《のうか》の主食《しゅしょく》はムギだった

江戸時代《えどじだい》の農家《のうか》は，ほとんどが米《こめ》づくりをしていました。でも，当時《とうじ》は米《こめ》がたりなくて，米《こめ》を食《た》べられるのは商人《しょうにん》や武士《ぶし》だけでした。

農家《のうか》の人《ひと》たちは，米《こめ》のかわりにオオムギを食《た》べ，ムギがないときは，イモやダイコン，アワ，ヒエなどを食《た》べて生《い》きのびていました。

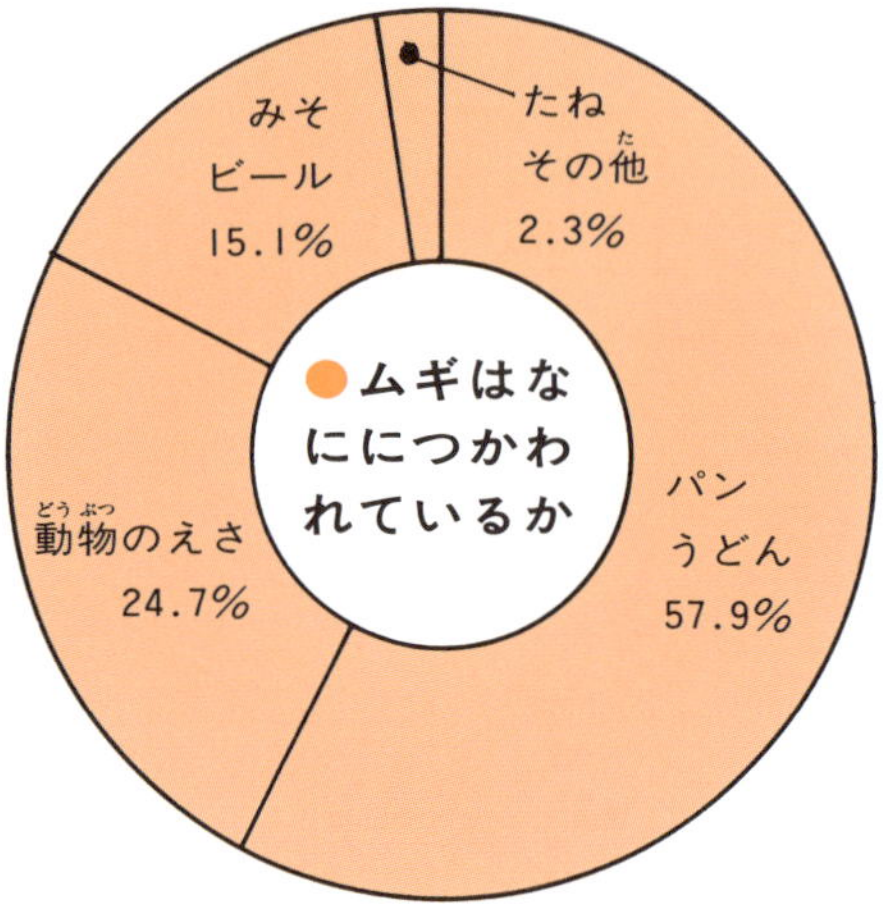

日本《にっぽん》でつかわれるムギ864万《まん》トンのうち，500万《まん》トンは，パンやうどんやおかしになります。（1983年《ねん》）

ムギは、さまざまな食《た》べ物《もの》にすがたをかえて、毎日《まいにち》、わたしたちの口《くち》にはいってきます。パンやうどん、スパゲッテイだけではありません。おかしやあめ、みそやしょうゆ、ビールや酒《さけ》など、みんなムギからつくられます。

古代《こだい》のメソポタミアやインドでは、オオムギをあらく粉《こな》にひいて、にて食《た》べていました。一種《いっしゅ》のおかゆです。

そのうち、石《いし》うすをつかう技術《ぎじゅつ》とものを発酵《はっこう》させる技《ぎ》術《じゅつ》が発達《はったつ》して、パンが人《ひと》びとのあいだにひろまると、コムギがさかんにつくられるようになりました。

かたい種皮《しゅひ》におおわれたコムギを粉《こな》にするのは、たいへんむずかしい技術《ぎじゅつ》と力《ちから》のいる仕事《しごと》でした。はじめは人《ひと》の手《て》で石《いし》うすをまわしていましたが、やがて水車《すいしゃ》の力《ちから》がそれにかわるようになりました。それから現代《げんだい》まで、たやすく大量《たいりょう》に製粉《せいふん》できる技術《ぎじゅつ》がくふうされてきました。

製粉《せいふん》技術《ぎじゅつ》のあゆみは、機械《きかい》工業《こうぎょう》の発達《はったつ》もうながしてきました。つまり、ムギからはパンなどの食《た》べ物《もの》だけでなく、さまざまな機械《きかい》もうまれてきたのです。

●コムギからつくられたもの——むかし

日本《にっぽん》でつくられるコムギは，うどんやそうめん，おまんじゅうをつくるのにてきしていました。

食《た》べるだけでなく，コムギ粉《こ》からのりもつくられました。

ムギわらは，屋根《やね》の材料《ざいりょう》につかわれました。ムギわらをもやしたあとの灰《はい》は，衣服《いふく》のよごれおとしになりました。

まんじゅう

屋根《やね》の材料《ざいりょう》

●コムギからつくられるもの——今《いま》

●オオムギからつくられたもの——むかし

ムギめしとしてそのまま食《た》べたり，火《ひ》にあぶり，いって粉《こな》にして食《た》べたりしました。

オオムギからこうじをつくり，あま酒《ざけ》やしょうゆ，みそをこしらえる技術《ぎじゅつ》は，いまも生《い》きています。

また，家畜《かちく》のねどこのしきわらにしたあと，たい肥《ひ》につかいました。

みそ

しょうゆ

●オオムギからつくられるもの——今《いま》

⬆高《たか》い温度《おんど》と多《おお》くの水分《すいぶん》を必要《ひつよう》とするイネは，春《はる》から秋《あき》にかけてさいばいされます。

●世界《せかい》でつくられているこくもつ

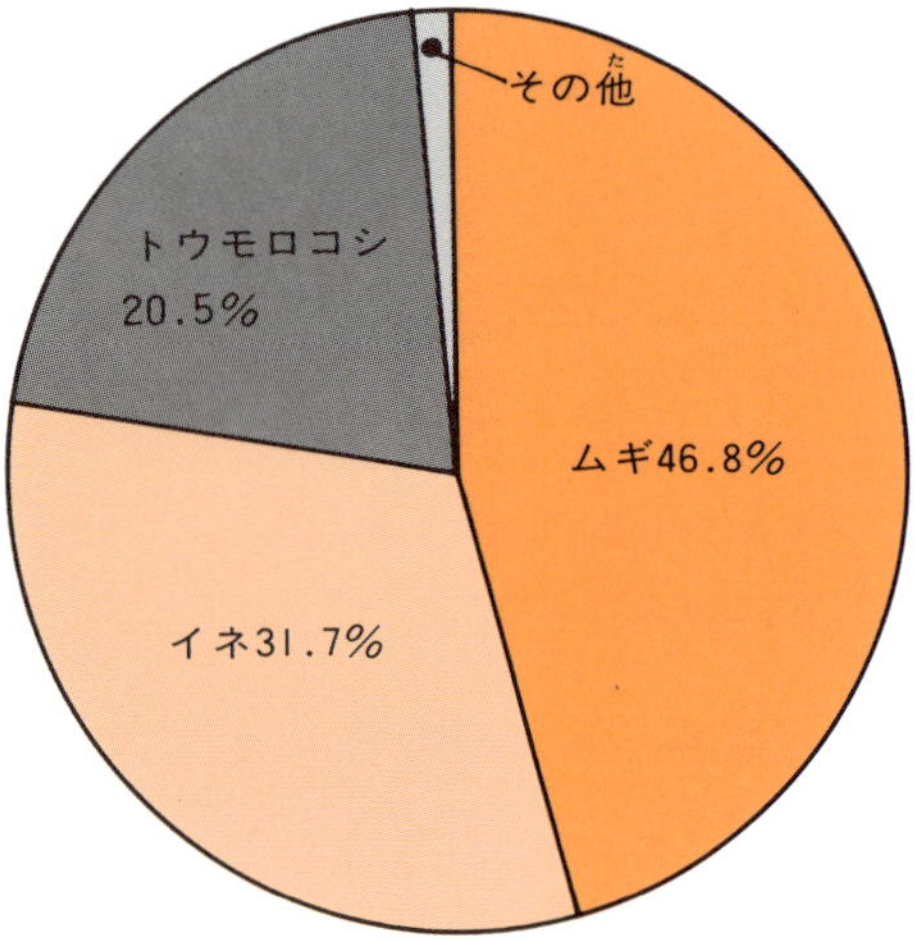

⬆世界《せかい》でつくられるこくもつの47%はムギ類《るい》です。(1983年度《ねんど》)

ムギとイネは、世界《せかい》の二大食糧《だいしょくりょう》です。世界《せかい》でつくられるこくもつの、およそ八十パーセントがムギとイネでしめられているのです。だから、地球《ちきゅう》にすんでいる大部分《だいぶぶん》の人《ひと》たちは、どちらかを主食《しゅしょく》にして生活《せいかつ》しています。

ムギとイネは、おなじイネ科《か》の植物《しょくぶつ》です。どちらも食《た》べる部分《ぶぶん》は、小《ちい》さなたねで、その中《なか》にでんぷんをたくさんふくんでいます。しかし、よくみると、いろいろなちがいがあります。

ムギは、乾燥《かんそう》した土地《とち》がすきで、畑《はたけ》でつくられます。適度《てきど》な気候《きこう》の土地《とち》でさえあれば、標高《ひょうこう》が三千《ぜん》メートル以上《いじょう》の高地《こうち》でも収穫《しゅうかく》できます。

イネは、水分《すいぶん》をこのみ、水田《すいでん》でつくられます。熱帯性《ねったいせい》の植物《しょくぶつ》なので、高《たか》い温度《おんど》と湿度《しつど》があればよくそだちます。だからイネは、この条件《じょうけん》にあったアジアで九十パーセントがつくられています。

ムギは肥料《ひりょう》をあたえなければ、大《おお》きくそだちま

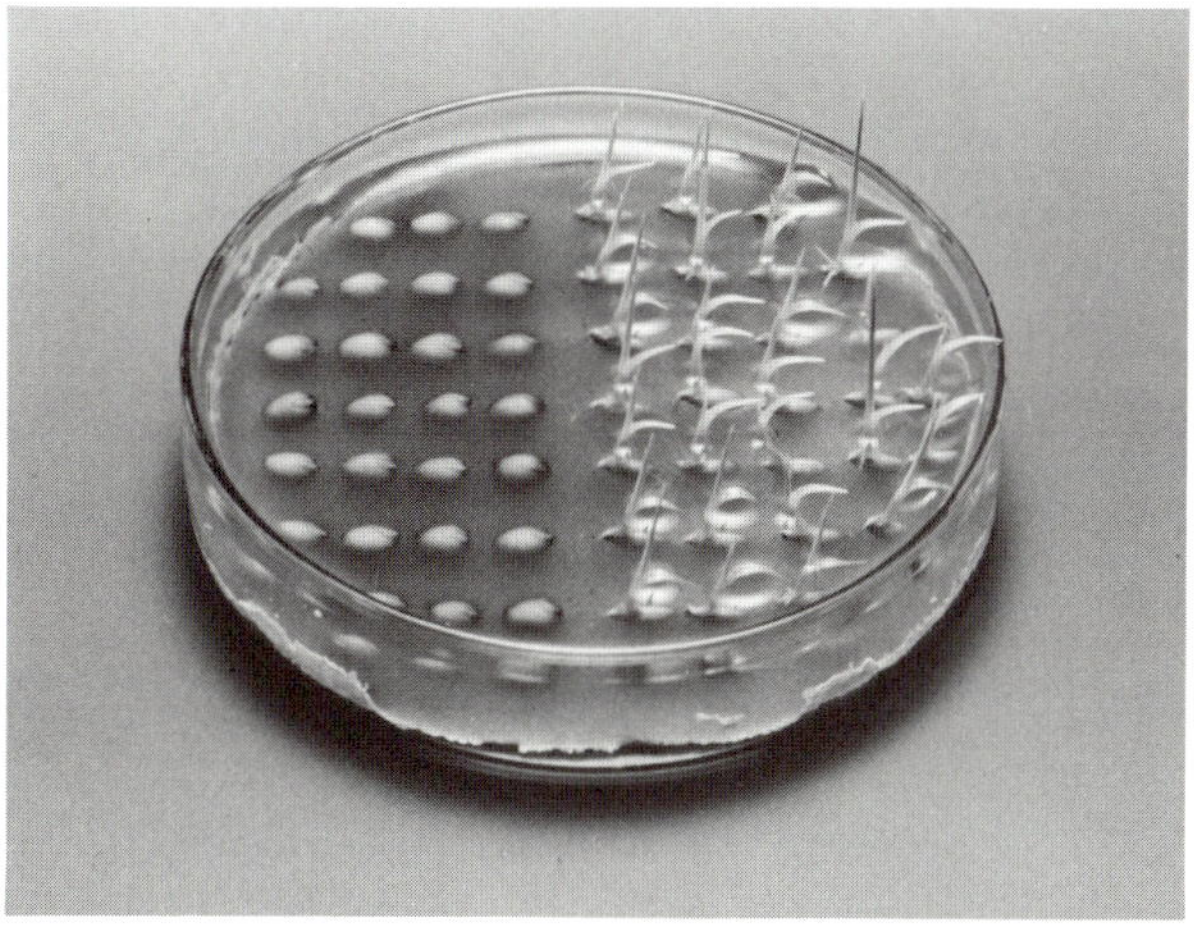

↑水《みず》の中《なか》での，ムギ(左《ひだり》)とイネ(右《みぎ》)の発芽《はつが》の実験《じっけん》。ムギは水中《すいちゅう》ではまったく芽《め》をだしません。空気《くうき》がすくない水《みず》の中《なか》では，芽《め》をだすことができないのです。イネはいっせいに芽《め》をだしています。

↑冬《ふゆ》の寒《さむ》さにあわないとほをださないムギは，冬《ふゆ》ごしをさせてさいばいします。

せんし、おなじ畑《はたけ》で何年《なんねん》もさいばいできません。

イネは、おなじ土地《とち》で何年《なんねん》もさいばいできます。水田《すいでん》におくりこまれる水《みず》といっしょに、肥料分《ひりょうぶん》がはこばれてくるからです。

ほとんどのムギは食《た》べるとき、粉《こな》にして、パンやうどんなどにつくりかえてから食《た》べます。

イネは、つぶのままでにたり、ふかしたりして食《た》べます。

しかし、ムギとイネの大《おお》きなちがいは、なんといってもつくる時期《じき》がまるでちがうことでしょう。

ほとんどのムギは、冬《ふゆ》の寒《さむ》さの時期《じき》をすごさないと、ほがでないという性質《せいしつ》があります。そのため、秋《あき》にたねをまいて、冬《ふゆ》ごしをさせます。そして、とりいれは、初夏《しょか》におこないます。

イネは、生長《せいちょう》につれて気温《きおん》が高《たか》くなるような時《じ》期《き》でなければつくれません。だから、春《はる》になわしろでなえをそだて、初夏《しょか》に田植《たう》えをし、暑《あつ》い夏《なつ》をすごさせ、秋《あき》にとりいれをします。

←ムギとイネの実《み》のでんぷん。ムギのでんぷんは、大《おお》きいつぶと小《ちい》さいつぶがまじっています。イネは、小《ちい》さいつぶだけでできていることがわかります。

↑イネの実《み》の断面《だんめん》（たて）

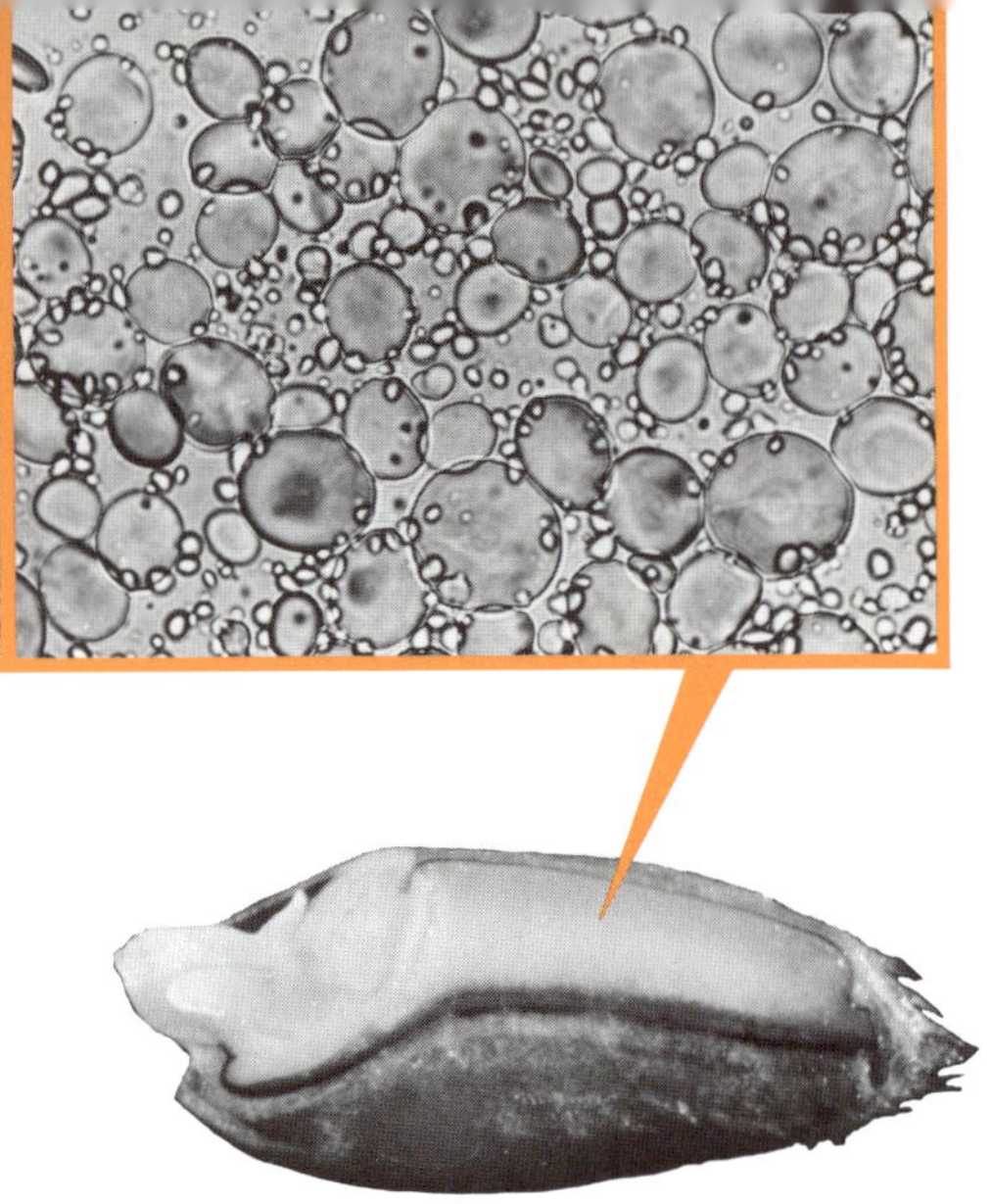

↑コムギの実《み》の断面《だんめん》（たて）

ムギとイネのちがいは、ほかにもいろいろあります。つぎに、そのちがいを図《ず》や表《ひょう》にしてくらべてみました。

↓１ヘクタールあたりの収穫量《しゅうかくりょう》のちがい。（日本《にっぽん》）

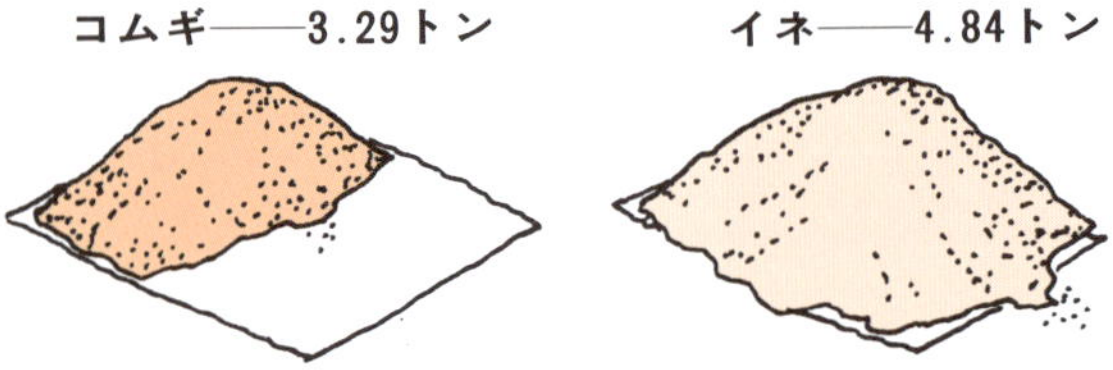

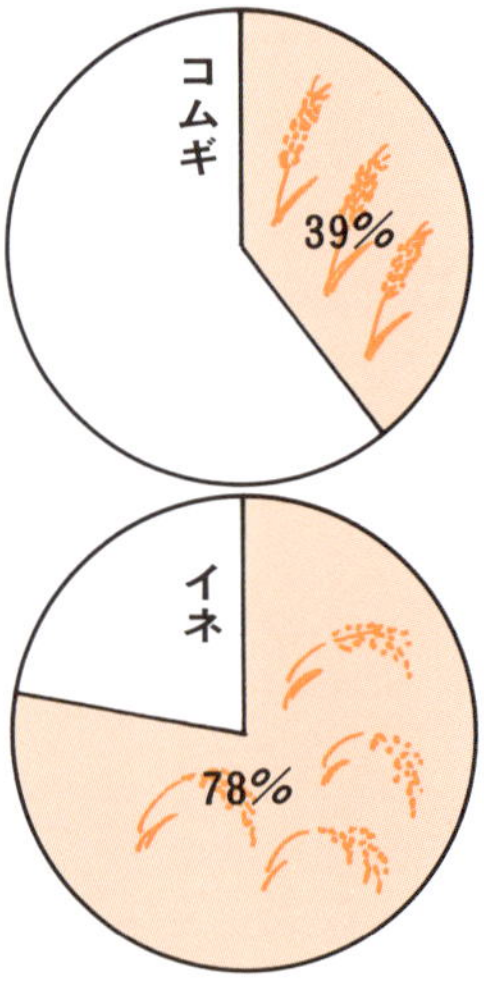

↑肥料《ひりょう》なしでの生産量《せいさんりょう》のちがい。数字《すうじ》は，ふつうに肥料《ひりょう》をあたえたときの生産量《せいさんりょう》に対《たい》する割合《わりあい》。（日本《にっぽん》）

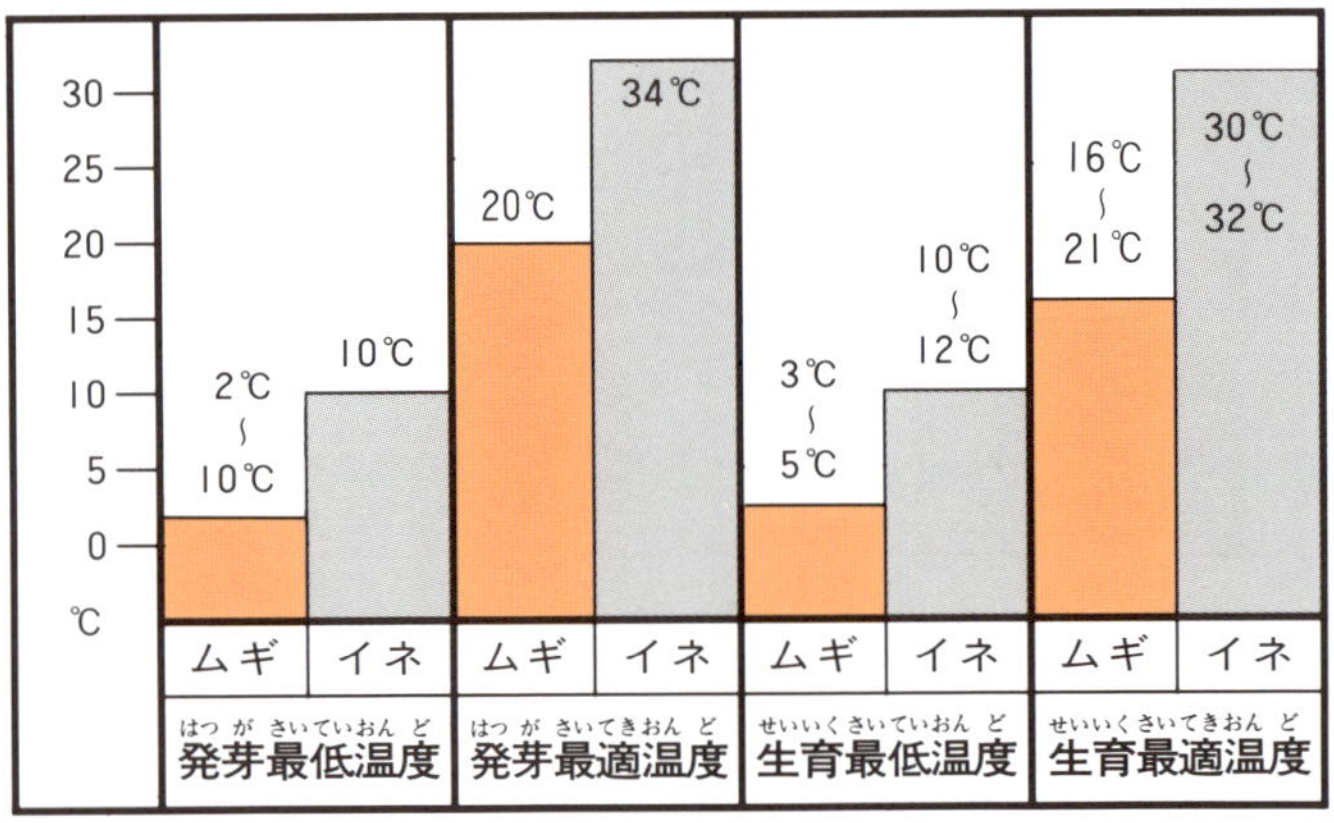

↑発芽《はつが》と生長《せいちょう》のための温度《おんど》のちがい。

＝コムギの産地《さんち》　＝イネの産地《さんち》

今《いま》でも，むかしながらのとりいれ風景《ふうけい》がみられるエジプトのムギ畑《ばたけ》。エジプト文明《ぶんめい》は，農業《のうぎょう》によってさかえ，その中《ちゅう》心《しん》はムギづくりでした．

●世界《せかい》のコムギ、イネ地図《ちず》

　コムギとイネが、それぞれつくられているところを知《し》るには、世界《せかい》地図《ちず》がべんりです。

　世《せ》界《かい》地《ち》図《ず》でみると、ムギのつくられている地域《ちいき》は、赤道《せきどう》を中心《ちゅうしん》にして南緯《なんい》、北緯《ほくい》いずれも二十度《ど》のはんいには、ほとんどありません。ムギの生育《せいいく》には、低温《ていおん》と乾燥《かんそう》の気候《きこう》ができしているからです。

　ムギのおもな産地《さんち》は、年《ねん》平《へい》均《きん》気《き》温《おん》が十〜十八度《ど》、年《ねん》降《こう》水《すい》量《りょう》が四百《ひゃく》〜八百《びゃく》ミリメートルの地帯《ちたい》にあります。

　いっぽう、イネのおもな産地《さんち》は、アジアの高温《こうおん》、多《た》湿《しつ》の地帯《ちたい》にあつまっています。

　日本《にっぽん》は、温暖《おんだん》でしかも雨《あめ》が多《おお》いところです。しかし、イネをつくらない冬《ふゆ》に、水田《すいでん》のうら作《さく》としてムギをつくることができるのです。

＊ムギの花《はな》と実《み》

⬆4枚《まい》のめだつ花《はな》びらをもつアブラナの花《はな》。めしべのねもとにはみつのでる部分《ぶぶん》があります。みつをすいにきた虫《むし》がおしべにふれてからだに花粉《かふん》がつき，ほかのアブラナの花《はな》に花粉《かふん》をはこんでくれます。

⬅ひらいたイネの花《はな》。イネも風媒花《ふうばいか》で、花《はな》びらやがくがなく、えいがあります。

⬅ひらいたコムギの花《はな》。五～六個《こ》の花《はな》があつまって小穂《しょうすい》をつくります。このうち実《み》をつくる花《はな》は二～三個《こ》です。

多《おお》くの植物《しょくぶつ》の花《はな》には、めだつ色《いろ》の花《はな》びらがあります。たとえばアブラナには、黄色《きいろ》い四まいの花《はな》びらと、それをささえるがく、そして、おしべとめしべがあります。

ムギには、花《はな》びらやがくはありませんが、かわりに、えいというからがついています。そして、その中《なか》に、おしべやめしべがあります。めしべのねもとには子房《しぼう》もあります。

花《はな》びらやがくがなくても、おしべとめしべがあれば、りっぱな花《はな》です。

アブラナのようなめだつ花《はな》びらをもつ植物《しょくぶつ》は、おもに虫《むし》をよんで花粉《かふん》をはこんでもらい、実《み》をむすび、子孫《しそん》をのこします。こういう花《はな》を虫媒花《ちゅうばいか》といいます。

ムギの花粉《かふん》をはこんでくれるのは風《かぜ》です。だから、めだつ花《はな》びらはいりません。イネもおなじです。これらの花《はな》を風媒花《ふうばいか》といいます。

↓コムギのほに花《はな》がさきました。1本《ぽん》のほには平均《へいきん》16個《こ》の小穂《しょうすい》がつきます。

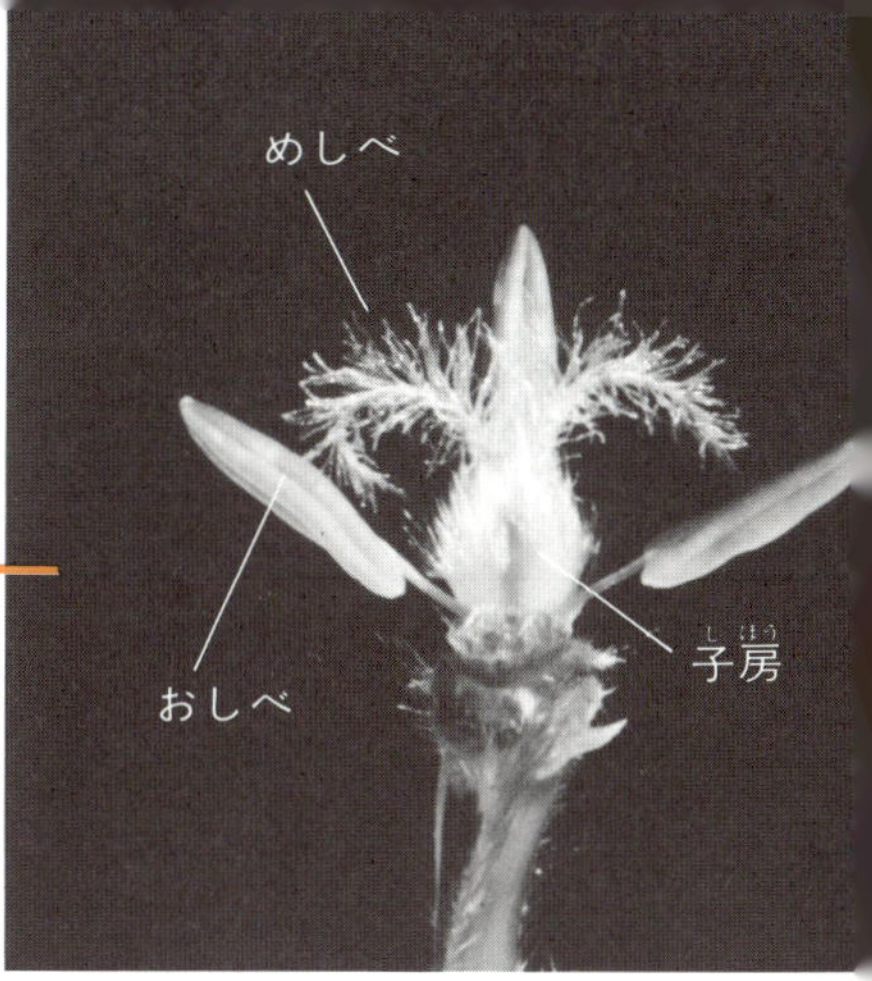

↑小穂《しょうすい》からとりだした1個《こ》の花《はな》。えいをとりさると，おしべ，めしべ，子《し》房《ぼう》のようすがわかります。めしべのひげは80〜100本《ぼん》もあり，花粉《かふん》がつきやすくなっています。

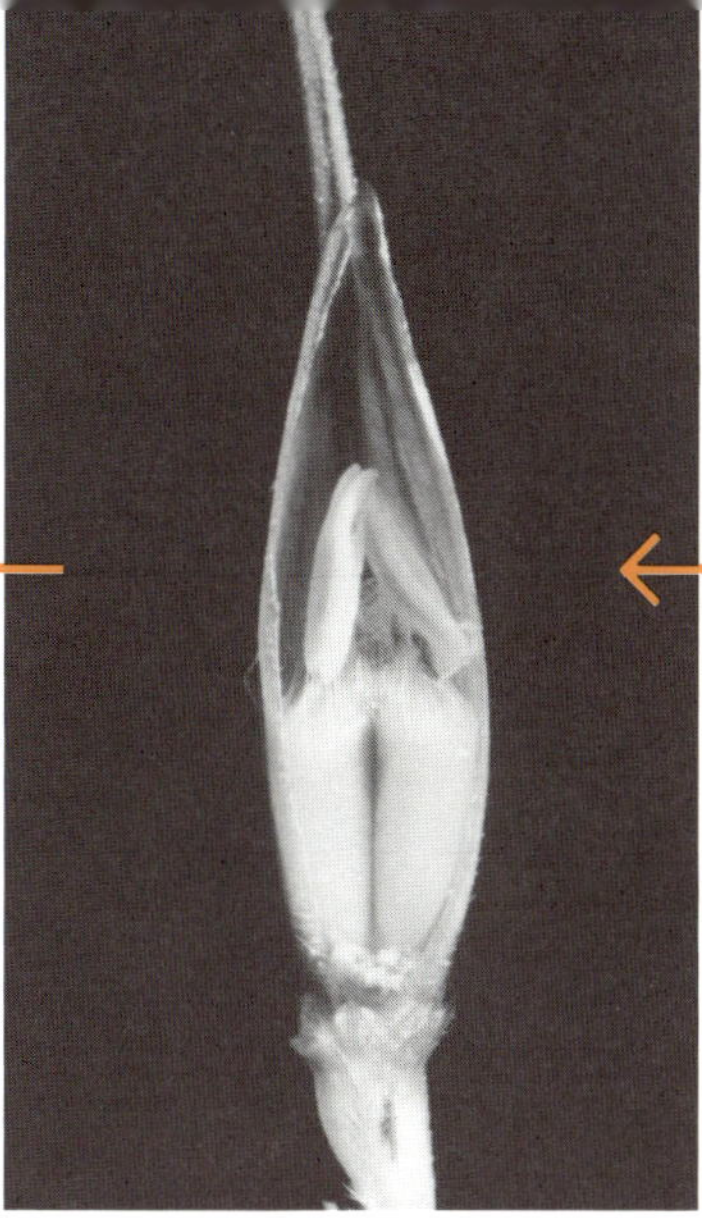

↑めしべについた花粉《かふん》が，子《し》房《ぼう》の中《なか》のたまごといっしょになると，子房《しぼう》がふくらみはじめます。まだおしべがのこっています。

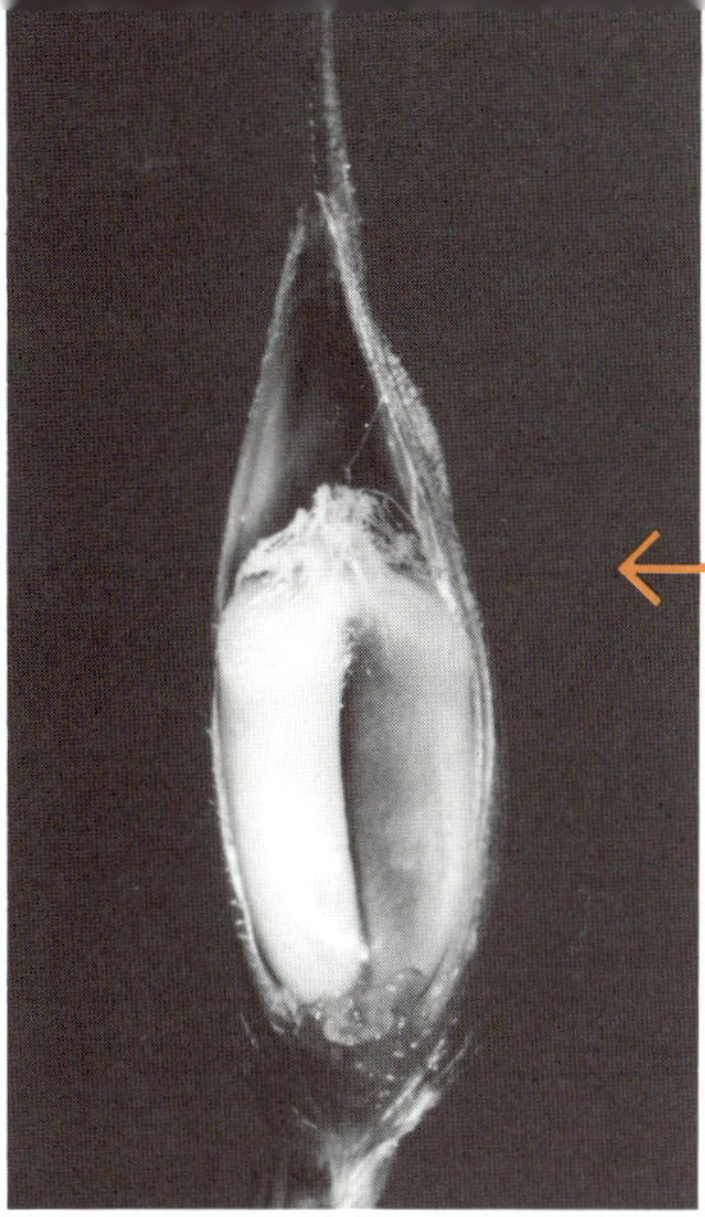

↑花《はな》がひらいてから約《やく》1か月《げつ》後《ご》。実《み》が大《おお》きくなると水分《すいぶん》がへっていきます。しかし，栄養分《えいようぶん》はどんどんたくわえられてみのっていきます。

しかし、じっさいにはさいばいされているムギやイネは、自家受粉《じかじゅふん》といって、えいがひらくときに、その花《はな》の中《なか》のおしべの花粉《かふん》がめしべについて、受粉《じゅふん》してしまいます。

受粉《じゅふん》したあと、ムギの実《み》は日《ひ》ごとにふとっていきます。ムギの実《み》は、太陽《たいよう》エネルギーが栄養分《えいようぶん》にすがたをかえてたくわえられているカプセルです。この栄養分《えいようぶん》は、子孫《しそん》をのこすためのたいせつなエネルギー源《げん》になります。

人間《にんげん》は、ムギが実《み》にたくわえた栄養分《えいようぶん》を食《しょく》糧《りょう》としてわけてもらい、活動《かつどう》のエネルギーにします。そのかわり、ムギがよくそだつように、たいせつに世話《せわ》をします。

＊ムギの生長《せいちょう》

日本《にっぽん》では、ムギのたねまきは、ふつう秋《あき》から初《しょ》冬《とう》にかけておこなわれます。秋《あき》まきのムギは、冬《ふゆ》の低温《ていおん》の時期《じき》をすごさないと、ほ・をださない性質《せいしつ》があるからです。

寒《さむ》い冬《ふゆ》をすごしたムギは、春《はる》になると、さかんに生長《せいちょう》し、やがて花《はな》をさかせて実《み》をむすびます。

ここでもういちど、コムギの生長《せいちょう》のようすを、図《ず》や写真《しゃしん》をみながら、ふりかえってみましょう。

←三月《がつ》の土《つち》よせ。ねもとがかわきすぎたり、くきがたおれたりするのをふせぎます。

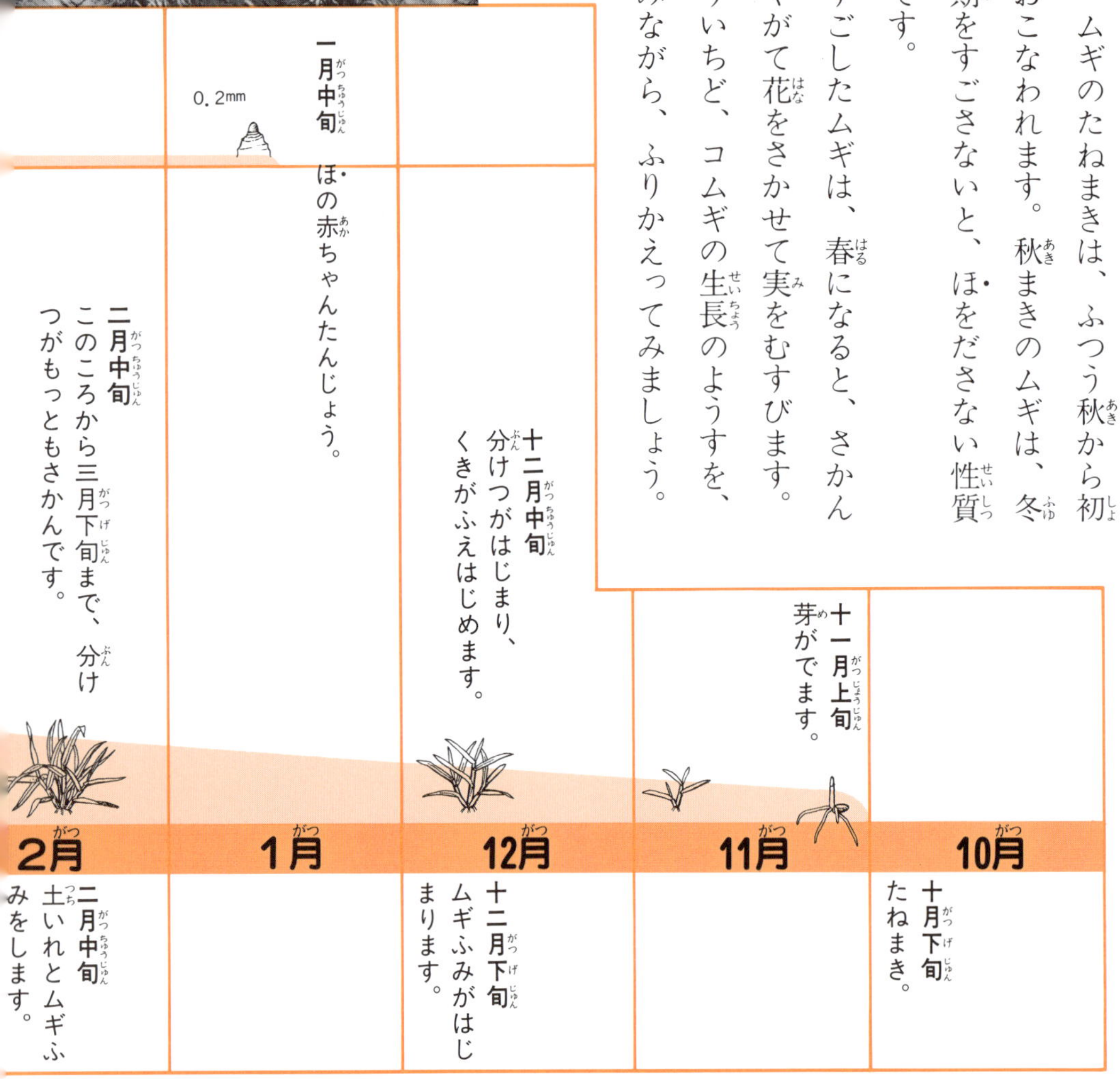

三月《がつ》上旬《じょうじゅん》 小穂《しょうすい》ができはじめます。

四月《がつ》上旬《じょうじゅん》 花《はな》ができはじめます。

四月《がつ》中旬《ちゅうじゅん》

→四月《がつ》の土《つち》いれ。くきがたおれるのをふせぎ、ねもとに肥料分《ひりょうぶん》をおくりこみます。

四月《がつ》下旬《げじゅん》 ほがでます。

←雨《あめ》でとりいれがおくれると、ムギはほのまま芽《め》をだしてしまいます。

→四月《がつ》にはいるとほの大《おお》きさは、ミリメートルくらいになります。

花《はな》のもとができあがり、背《せ》たけがどんどんのびます。

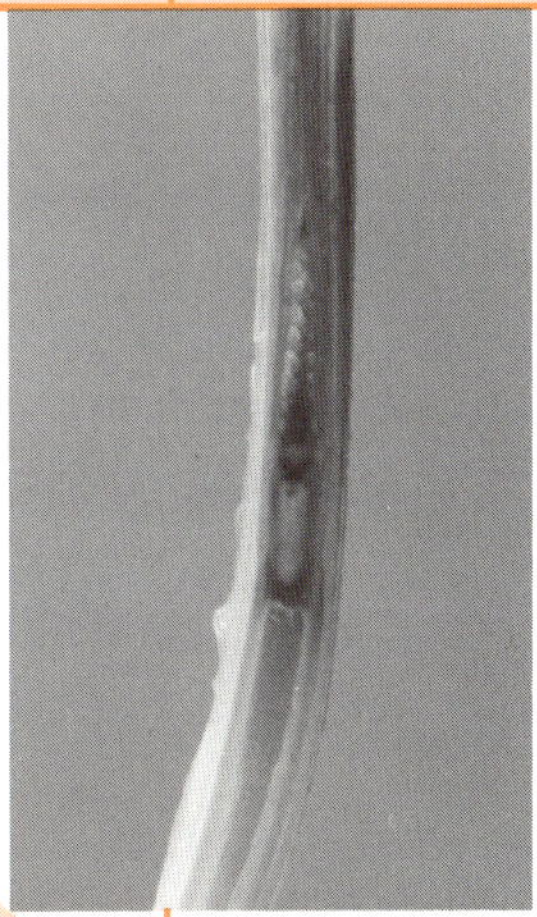

五月《がつ》上旬《じょうじゅん》 ほがでて三～六日後《かご》、花《はな》がさきます。

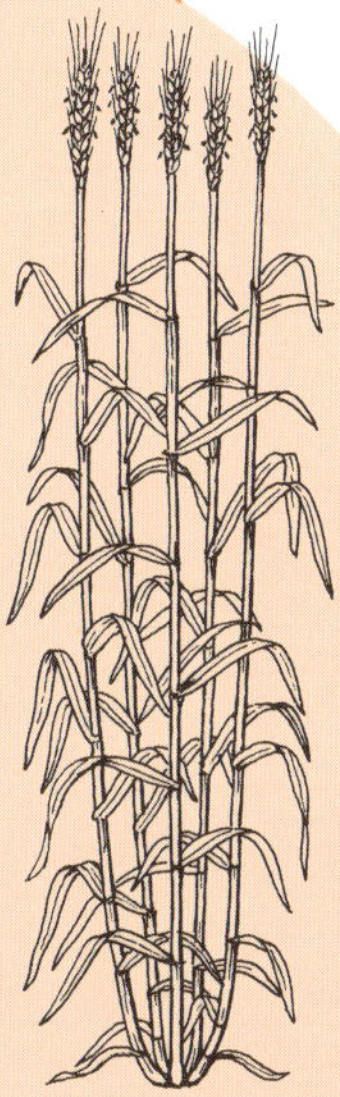

五月《がつ》下旬《げじゅん》 実《み》がかたく、重《おも》く、じゅくしてきます。

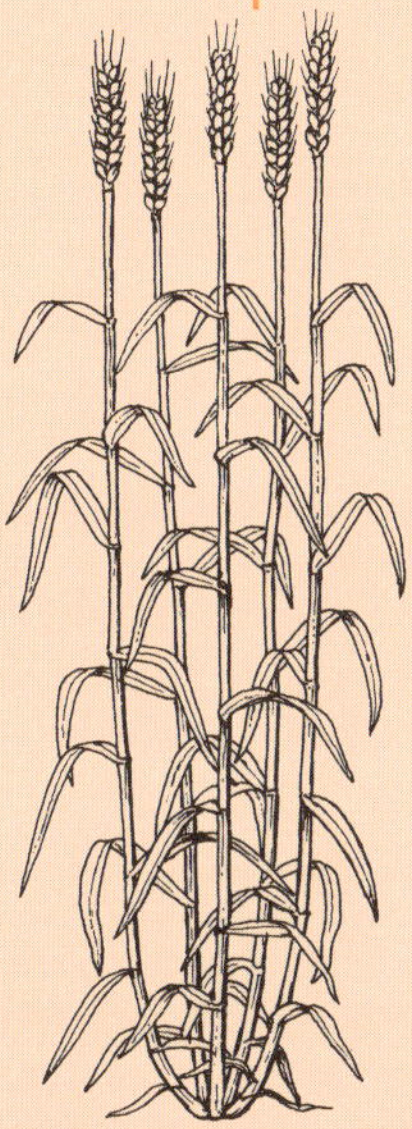

70cm
60cm
50cm
40cm
30cm
20cm
10cm

3月《がつ》	4月《がつ》	5月《がつ》	6月《がつ》
三月《がつ》中旬《ちゅうじゅん》 土《つち》よせや草《くさ》とりをします。	四月《がつ》上旬《じょうじゅん》 このころまでに土《つち》いれをおわります。		六月《がつ》中旬《ちゅうじゅん》 とりいれ。

あとがき

「冬《ふゆ》のムギの根《ね》は、地獄《じごく》の底《そこ》までのびている。」

ムギとつきあいはじめたころ、義父《ぎふ》からきいた言葉《ことば》です。大《おお》げさな表現《ひょうげん》ですが、寒《さむ》い冬《ふゆ》を生《い》きつづけるムギにふさわしい言葉《ことば》だと思《おも》いました。冬《ふゆ》の間《あいだ》に、地中深《ちちゅうふか》く根《ね》をのばすムギを見《み》て、むかしの人《ひと》は、万感《ばんかん》の想《おも》いをこめ、この言葉《ことば》をムギに贈《おく》ったような気《き》がします。

「地獄《じごく》の底《そこ》まで根《ね》をのばせ。地獄《じごく》の養分《ようぶん》を吸収《きゅうしゅう》して、地獄《じごく》の支配者《しはいしゃ》となれ。寒風《かんぷう》がなんだ。霜柱《しもばしら》に負《ま》けるな。雪《ゆき》にくじけるな。春《はる》になったら、たくさん実《み》をつけろ。」——むかしの人《ひと》のそんな願《ねが》いが、この言葉《ことば》からきこえてきます。

冬《ふゆ》の間《あいだ》、ムギはほとんど変化《へんか》がないようにみえます。むしろかれた葉《は》もあり、弱《よわ》よわしくみえます。でも、かくれた部分《ぶぶん》では、大《おお》きな変化《へんか》が起《お》きています。土《つち》の中《なか》に根《ね》をぐんぐんのばしています。株《かぶ》のもとでは、くきをふやしています。からだの中《なか》では、ほのもとをつくっています。この時季《じき》に、実《み》をつけるための準備《じゅんび》はほとんどおわってしまいます。春《はる》になったら、いっきにのびて花《はな》をひらき、夏《なつ》にむかって実《み》をふとらせていきます。

万物《ばんぶつ》が冬《ふゆ》のねむりにつくころ芽《め》をのばし、寒風《かんぷう》ふきすさぶ中《なか》で春《はる》と夏《なつ》の準備《じゅんび》をし、自然《しぜん》が濃《こ》い緑色《みどりいろ》にそまる初夏《しょか》に麦秋《ばくしゅう》をむかえるムギ。ますますムギには、「地獄《じごく》の底《そこ》まで」という言葉《ことば》がふさわしく思《おも》えてきます。

鈴木公治《すずきまさはる》
（一九八七年二月）

NDC479

鈴木公治

科学のアルバム　植物 16

ムギの一生

あかね書房 2020

54P　23×19cm

科学のアルバム

ムギの一生

一九八七年 二 月初版
二〇〇五年 四 月新装版第 一 刷
二〇二〇年一〇月新装版第一一刷

著者　鈴木公治

発行者　岡本光晴
発行所　株式会社 あかね書房
〒一〇一－〇〇六五
東京都千代田区西神田三－二－一
電話〇三－三二六三－〇六四一（代表）
http://www.akaneshobo.co.jp
印刷所　株式会社 精興社
写植所　株式会社 田下フォト・タイプ
製本所　株式会社 難波製本

ISBN978-4-251-03391-8
定価は裏表紙に表示してあります。
落丁本・乱丁本はおとりかえいたします。

○表紙写真

・風《かぜ》にのってとびちるコムギの花粉《かふん》

○裏表紙写真（上から）

・いちめんにでそろったコムギのほ

・めしべの中をのびる花粉《かふん》の管《くだ》
（茶色《ちゃいろ》くそめてあります）

・雪《ゆき》の中《なか》から顔《かお》を出《だ》したコムギの葉《は》

○扉写真

・花《はな》がひらいたコムギのほ

○もくじ写真

・コムギの収穫《しゅうかく》

科学のアルバム

全国学校図書館協議会選定図書・基本図書
サンケイ児童出版文化賞大賞受賞

虫

- モンシロチョウ
- アリの世界
- カブトムシ
- アカトンボの一生
- セミの一生
- アゲハチョウ
- ミツバチのふしぎ
- トノサマバッタ
- クモのひみつ
- カマキリのかんさつ
- 鳴く虫の世界
- カイコ まゆからまゆまで
- テントウムシ
- クワガタムシ
- ホタル 光のひみつ
- 高山チョウのくらし
- 昆虫のふしぎ 色と形のひみつ
- ギフチョウ
- 水生昆虫のひみつ

植物

- アサガオ たねからたねまで
- 食虫植物のひみつ
- ヒマワリのかんさつ
- イネの一生
- 高山植物の一年
- サクラの一年
- ヘチマのかんさつ
- サボテンのふしぎ
- キノコの世界
- たねのゆくえ
- コケの世界
- ジャガイモ
- 植物は動いている
- 水草のひみつ
- 紅葉のふしぎ
- ムギの一生
- ドングリ
- 花の色のふしぎ

動物・鳥

- カエルのたんじょう
- カニのくらし
- ツバメのくらし
- サンゴ礁の世界
- たまごのひみつ
- カタツムリ
- モリアオガエル
- フクロウ
- シカのくらし
- カラスのくらし
- ヘビとトカゲ
- キツツキの森
- 森のキタキツネ
- サケのたんじょう
- コウモリ
- ハヤブサの四季
- カメのくらし
- メダカのくらし
- ヤマネのくらし
- ヤドカリ

天文・地学

- 月をみよう
- 雲と天気
- 星の一生
- きょうりゅう
- 太陽のふしぎ
- 星座をさがそう
- 惑星をみよう
- しょうにゅうどう探検
- 雪の一生
- 火山は生きている
- 水 めぐる水のひみつ
- 塩 海からきた宝石
- 氷の世界
- 鉱物 地底からのたより
- 砂漠の世界
- 流れ星・隕石